水平受荷多桩基础深层极限土抗力研究

赵子豪 著

中国建筑工业出版社

图书在版编目（CIP）数据

水平受荷多桩基础深层极限土抗力研究/赵子豪著．北京：中国建筑工业出版社，2024.7．—ISBN 978-7-112-29911-9

Ⅰ．TU413.4

中国国家版本馆 CIP 数据核字第 2024K95M03 号

责任编辑：杨　杰
责任校对：赵　力

水平受荷多桩基础深层极限土抗力研究
赵子豪　著

*

中国建筑工业出版社出版、发行（北京海淀三里河路 9 号）
各地新华书店、建筑书店经销
北京科地亚盟排版公司制版
建工社（河北）印刷有限公司印刷

*

开本：787 毫米×960 毫米　1/16　印张：11　字数：175 千字
2024 年 7 月第一版　　2024 年 7 月第一次印刷
定价：**58.00** 元
ISBN 978-7-112-29911-9
（43034）

前　言

随着我国国民经济快速发展，城市规模不断扩大，各类城市建筑如雨后春笋般拔地而起，其中不乏一些大型结构物，例如高层超高层建筑物、大跨度桥梁、开敞式码头、海上平台及近海风机等。它们的建立常以群（多）桩为基础，同时这些结构物在服役过程中经常受到外部环境带来的巨大横向荷载，因此群（多）桩基础水平承载能力的强弱直接关乎整个建筑物的安全性。以海洋工程中常见的三桩基础和四桩基础为例，由于其所处环境的特殊性，长期承受着来自于风、波浪等因素产生的水平外荷载，在极端条件下会发生由于桩周土所提供的抗力不足而导致的失稳破坏。因此，正确合理地计算三桩和四桩基础在极限状态下的土体抗力对评价该类基础的水平承载能力、指导相应的工程设计是十分重要的。

针对已有的群（多）桩水平极限土体抗力研究中，学者以及工程师们的主要研究手段是现场试验或者模型试验。然而试验研究通常需要耗费大量的人力、物力和财力，并且受试验条件和环境的影响，一些结果甚至表现出明显的离散性，故很难借助试验手段形成系统的参数分析研究。另一方面，理论研究手段（例如：极限分析方法）可以从桩一土相互作用机理上为人们提供有价值的认识，而且更容易形成有效的设计计算方法。因此，近些年来一些学者开始通过极限分析等方法研究基础的水平极限土体抗力问题。

本书基于理论极限分析上限解法，结合多种数值方法的分析验证，对常见多桩基础（三桩基础和四桩基础）的水平极限土体抗力及其影响因素展开了深入研究。此外还以单桩基础为例探讨了当桩基位移较大时土体几何非线性对水平极限土体抗力的影响。得到的主要创新性成果如下：

（1）得到了考虑桩周土变形几何非线性的单桩水平极限土体抗力解答，探究了土体刚度参数的变化对其结果的影响规律。并通过与前人理论结果的对比，分析了传统单桩基础塑性解答中小应变假定对桩基水平极限土体抗力的影响。

(2) 构建了完整平面应变条件下考虑不同桩间距情况的多桩基础（三桩基础和四桩基础）水平受荷破坏模式，通过优化计算得到了两类多桩基础水平极限土体抗力的极限分析上限解答，拓展了极限分析方法在多桩基础水平受荷问题上的应用。通过数值分析方法对得到的理论解答进行了验证，并系统地分析了桩间距、桩—土黏结系数、荷载作用方向等因素对两类多桩基础水平极限土体抗力的影响规律，得到了相应的经验公式和 p 乘子。

(3) 研究了水平偏心荷载作用下的多桩基础极限土体抗力问题，探索了荷载偏心作用对双桩、三桩和四桩基础极限土体抗力以及桩—土破坏特征的影响。通过引入偏心影响系数的概念，量化了不同桩间距、桩—土黏结系数条件下荷载偏心距对多桩基础水平极限土体抗力的弱化作用。丰富了人们对多桩基础偏心受荷问题的认识。

在本书的编写过程中，作者参阅和引用了大量国内外学者的研究内容和学术论著，在此，谨向所有引用文献的作者表示衷心的感谢。感谢研究生黄垲翔、韩景春、曹亚峥对本书研究内容做出的大量分析整理工作。感谢研究生张正飞、张海旭、周鑫杰、尹衍秋、王志同、付涛涛、朱恩林、王家瑞、李璐璐、周涵对本书内容做出的文字排版校对工作，通过大家共同的努力，才有了本书的成稿，在此表示感谢。

由于作者水平和经验有限，书中难免有不足或不当之处，敬请各位专家同仁和广大读者批评指正。

目 录

第1章　绪论

1.1　研究背景

自20世纪70年代末全面实行改革开放以来，我国的国民经济取得了稳步快速的发展。随着各地城市规模的不断扩大，各类城市建筑物也如雨后春笋般拔地而起。而桩基础作为一种最为常见的深基础形式，由于其承载力高、沉降量小、抗震性能好等优点被广泛运用于城市基础设施的建设当中。但长久以来国内外学者和工程师们更多的是去考虑桩基础的竖向承载力[1-7]，而对其水平受荷特性的关注十分有限。这是因为对于一般的城市建筑物基础而言承受的水平荷载偏小，其外部荷载的主要来源是上部结构物的自重，故在传统的桩基设计中人们更多地把桩看成一种简单的抗压构件而忽略了其水平受荷特性。

然而近些年来，随着我国城市化水平的不断提升，以群（多）桩为基础的高层超高层建筑物、大跨度桥梁、开敞式码头、近海风机以及海上平台等大型结构物相继建立，而这些大型建筑物在服役过程中时常受到外部环境带来的水平向荷载，因此桩基水平承载能力的强弱将直接关乎建筑物的安全性。

事实上，由于桩基水平承载能力的不足而引起的工程事故屡有发生：2007年广东九江大桥23号桥墩遭受采砂船撞击，致使桥墩失稳破坏并进一步牵拉桥面导致全长1675.2m的大桥坍塌200m，如图1-1(*a*)所示，共造成8人落水死亡，造成的经济损失高达人民币4500万元。2009年上海莲花河畔景苑内一栋在建的13层住宅楼发成楼体整体倒覆事故，如图1-1(*b*)所示，致一名工人死亡，该事故发生的主要原因是临近施工基坑的开挖卸载致使短时间内桩基础所承担的水平荷载迅速增加超过其水平极限承载能力所致。上述工程事故的发生表明：对于处在复杂环境或具有横向承载用途的高耸建筑物，不仅要考虑其桩基础的竖向承载力，同时也要充分认识其水平向的受荷特性。这无疑对确保该类建筑物的运行安全具有重要的实际工程意义。

(a)

(b)

图 1-1 桩基础水平承载力不足引起的工程事故

(a)九江大桥遭船舶撞击事故；(b)上海莲花河畔倒楼事故

近年来，面临能源供给和气候变暖的双重挑战，全球各国都在致力于能源转型，我国作为世界碳排放量最大的国家，在节能减排、发展可再生能源方面面临更大的压力。从 2020 年开始，随着我国“碳达峰”“碳中和”双碳目标的提出与落实，大力发展可再生清洁能源，加快推进能源产业的绿色低碳转型已刻不容缓。风能是主要的清洁能源之一，而风力发电也是当前各类新能源中发展最迅速、技术最成熟、最具开发与利用前景的主力电源。相比于陆上风电，海上风电因其风力稳定、风机利用率高、受地域限制小以及可就地消纳等优势更具发展前景。

“十四五”时期，海上风电产业发展逐步趋于“大型化”和“深水化”，其目的是降低海上风电的度电成本并争取更大的发展空间，然而“大型化”和“深水化”的发展需求对海上风机基础的选型与设计提出了更高要求。为抵御更大更复杂的环境荷载，海上风机固定式基础形式不断发展更迭，从传统的重力式基础、单桩基础发展到如今的多脚架、导管架基础。其中桩式导管架基础因其横向刚度大、抗倾覆能力强等优点成为水深 40～100m 海域内首选的基础形式。我国江苏、广东、山东等多个省份的海上风电场均采用了图 1-2 所示的多桩导管架基础形式（如大丰海上风电场、广东惠州海上风电场、三峡阳西沙扒海上风电场、国华渤中 B2 海上风电场等）。可以预见，随着我国海上风电“深水化”发展的持续推进，该类基础形式将迎来更大规模的应用，科学合理地评估导管架基础的承载能力对保证海上风电机组的运营安全具有重要意义。

(a)

(b)

图 1-2 常见近海风机多桩基础形式

(a) 三桩基础；(b) 四桩基础

近海风机通常体型巨大且高耸，其下部特殊形式的多桩基础在海洋上所处的力学环境十分恶劣，长期以来承受着巨大的水平外荷载，例如风荷载、波浪荷载甚至船舶撞击荷载等。在极端条件下容易发生多桩基础因承受的水平外荷载过大而失稳破坏的情况：例如2008年大西洋飓风Ike袭击了墨西哥湾内数以千计的采油平台，其中至少50座遭受了毁灭性的打击[8]，图1-3展示了其中一座名为“EC368A”的三桩平台基础在遭遇飓风侵袭后的失稳破坏。实际上，自1992年以来墨西哥湾区域内遭受各类飓风袭击有超过200座平台基础发生了严重破坏[9-16]，带来了巨大的经济损失。因此，深刻认识近海风机多桩基础（三桩或四桩基础）在水平荷载下的受荷特性对指导工程实际和降低灾害造成的人员及财产损失是十分重要的。然而非常遗憾的是，目前人们对该课题的研究还不够充分，尤其是对三桩和四桩基础水平极限承载特性的理论研究，时至今日需要提高和完善的空间仍然很大。因此，如何建立合理的理论框架正确地评价多桩基础的水平极限承载力（水平极限土体抗力）的大小成为本书关注的焦点问题。

图 1-3　飓风 Ike 作用下三桩基础 EC368A 的失效破坏

1.2　国内外研究现状

自从 20 世纪以来，国内外众多学者通过理论分析、数值分析、室内及现场试验等研究方法对水平受荷桩的承载力特性做了大量的研究工作，并取得了丰硕成果，下面笔者将分别介绍国内外关于水平受荷单桩和群（多）桩及其极限土体抗力的研究现状。

1.2.1　水平受荷单桩的研究现状

1. 理论分析研究现状

桩基作为一种深埋土体的结构物，其水平受荷条件下的工作机理是十分复杂的，为此学者们基于一定假设条件，并结合室内或现场的试验数据，提出了一系列桩—土相互作用的理论分析方法，其中包括极限地基反力法、地基反力法和弹性理论法等。

（1）极限地基反力法的研究现状

极限地基反力法通常假定桩体为刚性体，土体的极限抗力沿深度的分布形式需要通过预先假设得到，而桩的水平承载力以及桩身的最大弯矩则是按照极限平衡关系求得。因此，该方法研究的关键就在于极限土体抗力沿深度分布形式的设定。

早在 1936 年 Rase[17]就提出了土体抗力沿深度呈线性分布的假定，之后又陆续有学者[18-21]提出其他不同的土体抗力分布形式，例如二次抛物线分布以及任意分布的挠度曲线法等，其中最具代表性的就是 Broms[18-21]在 1964 年和 1965 年提出的适用于刚性短桩和不同土质条件（黏土或砂土）的土体抗力分布。

虽然该方法可以大大简化计算过程，但由于其结果对人为设定的土体抗力分布形式依赖明显，而且不能考虑桩体与土体的变形特性，因此在设计计算时会带来较大的误差，从而限制了该方法在当前工程中的运用。

（2）地基反力法的研究现状

地基反力法是工程中较为常见的一种方法。它假定桩体为弹性梁，把周围的土体看作拥有一定刚度的弹簧元件，其中弹簧元件的刚度决定了该位置土体抗力与桩身水平位移的关系。而根据两者的关系可将地基反力法分为线弹性法和非线性法两种。

根据地基反力系数设定的不同，线弹性法又可以分为张氏法[22,23]、m 法、C 法和 K 法[18]等。张氏法是由张有龄在 1937 年提出的，他假定地基反力系数沿深度不变，同时求解得到了水平受荷长桩内力和变形的解答。而 m 法、C 法和 K 法都假定地基反力系数随深度按一定规律变化，其中，m 法和 C 法是我国规范中常用的方法[24-26]，通常情况下 m 法假定地基反力系数在地表位置取零并沿深度线性增加，而 C 法认为地基反力系数随深度呈 0.5 次方增加。以上方法中由于地基反力系数只含有一个待定参数，故统称为单参数法[18]。吴恒立[27,28]在前人研究的基础上又对地基反力系数的表达作出了改变，假定它与深度的变化关系呈指数可变的幂函数，提出了双参数法，从而近似地考虑了土体变形的非线性。然而本质上无论单参数法还是双参数或多参数法，它们都属于线弹性地基反力法的范畴，不能适应外荷载或者桩体位移较大的情况，因此需要发展非线性地基反力法对该类情况进行分析。

p-y 曲线法是目前国内外研究最多、工程应用最广的一种非线性地基反力法。它是由 McClelland 和 Focht[29]在 1958 年率先提出的，两人根据现场试桩试验得到的 p-y 曲线和室内固结不排水试验得到的应力应变关系，发展建立了这种用于计算桩体非线性水平抗力的方法。此后又有学者针对不同的土质条件给出了

相对应的 p-y 曲线：1970 年 Malock[30] 基于一系列现场钢管桩水平加载试验，提出了适用于水下软黏土的 p-y 曲线公式；之后 Reese 与其合作者[31-33] 在 1974～1975 年之间基于现场试验结果先后建立了适用于砂土和硬黏土的 p-y 曲线方法。这些适用于不同土质条件的 p-y 曲线陆续被美国石油协会（API）的相关规范[34] 所收纳。由于 Matlock 和 Reese 提出的 p-y 曲线参照的试验样本较少且具有强烈的地域局限性，因此 Stevens 等人[35]、Lee 等人[36] 以及 Reese 等人[37] 纷纷对上述的 p-y 曲线方法进行了修正，为拓展该方法的应用范围作出了各自的贡献。国内学者对 p-y 曲线方法的研究相对滞后：章连洋等人[38,39] 通过对港口现场试桩监测结果的分析发现，Matlock 提出的 p-y 曲线不适用于我国长江中下游地区的黏土，因而对其计算方法进行了改进并提出了适应于我国黏土性质的 p-y 曲线；王惠初、田平等人[40-42] 则是从土体的本构关系出发，分析了其与 p-y 曲线的关系，提出了改进的 p-y 曲线统一法。这些学者的工作通过之后的一些研究和工程实践[43] 得到了良好的验证。

（3）弹性理论法的研究现状

弹性理论法也是一种常见的研究桩基水平承载特性的理论方法。该方法通常假设地基土为弹性的半空间，同时引入土的弹性模量和泊松比作为模型的基本参数，成功克服了地基反力法中仅用单一参数（地基反力系数）来考虑土体变形的缺点[44]。1964 年 Douglas 等人[45] 以及 Spillers 等人[46] 率先使用弹性理论法解决水平荷载下桩基的内力及变形响应。之后，Poulos[47-49] 又通过 Mindlin 积分解系统地分析了各类桩端条件下（自由[47]、铰接以及固定[48]）桩的内力与变形，建立了完整的水平受荷桩基的弹性理论方法。国内学者（例如：宋东辉[50]、赵明华[51]）也利用弹性理论法研究得到了水平受荷桩变形及应力分布的弹性解。而为了更加合理地确定弹性理论法中土体弹性模量的取值，周洪波[52] 提出了水平承载桩的耦合算法，他首先通过 p-y 曲线得到不同土体应力状态的模量，再采用弹性理论法考虑了桩与周围土体之间的相互作用。

2. 数值研究现状

岩土体作为一种特殊的工程材料，具有多相性、散体性以及自然变异性等特性，其力学性质也是极其复杂的，因此单纯依靠理论方法很难真实地反映水平受荷桩与周围土体的变形与力学反应。随着计算机技术的高速发展，数值分析由于其计算能力强、适用于复杂的几何和受力条件等优点被越来越多的学者用于模拟桩基在水平荷载作用下的受力特性，成为该领域不可或缺的一种研究手段。

其中有限单元法是最成熟、运用最广泛的一种数值方法。早在1981年Randolph[53]就运用有限单元法研究了单桩在连续弹性地基模型中的桩端水平响应，并通过对有限元结果的拟合得到了其数学表达式。随后，Brown等人[54,55]通过三维有限元分析研究了更加复杂的情况下水平受荷单桩的力学响应，他们假定土体为弹塑性材料，并考虑了桩—土界面上滑移和分离的情况，基于三维有限元结果推算得到了相应的p-y曲线。Yang等人[56,57]通过弹塑性有限元分析重点研究了成层地基中单桩的水平力学性状，并总结归纳了成层性对单桩极限土体抗力的影响规律。郑刚等人[58]通过有限元软件ABAQUS对现场成层土单桩的水平承载试验进行了数值验证，并分析了单桩在倾斜荷载作用下轴向分量对水平承载性能的影响。史文清等人[59]、洪勇等人[60]以及周月慧等人[61]也分别采用三维有限元方法研究了土体弹塑性特征、桩—土界面特性等因素对桩基水平承载力以及变形的影响。另外，Georgiadis等人[62]基于三维有限元模型还对倾斜地层上单桩的水平响应做了进一步的探讨。

由于传统有限元方法具有明显的网格依赖性，而且不能反映土体的大变形情况，因此一些学者通过其他数值手段对水平受荷单桩的力学和变形特性开展了一系列研究工作。周健等人[63,64]采用离散元颗粒流方法分别对砂土中主动水平受荷桩和被动水平受荷桩的加载过程进行了数值模拟，并得到了其桩土相互作用过程中应力和应变的发展规律。赵明华等人[65,66]基于无网格伽辽金法，对横向荷载作用下桩—土之间介质不连续的问题提出了求解方法，并通过与通用有限元软件ANSYS计算结果的对比证明了无网格方法在解决桩—土相互作用问题上的可靠性。另外，王成等人[67]将有限元、无限元和界面单元相结合建立了一种空间耦合的数值计算模型，考虑了桩基损伤引起的刚度降低以及桩周土体软化对桩身水平位移的影响。

3. 试验研究现状

鉴于桩—土相互作用机理的复杂性，目前国内外学者对桩基水平受荷问题的认识还不够全面，因此研究水平受荷桩受力特性最为常用的手段是试验研究。一方面，试验研究可以考虑更加真实和复杂的土性及加载情况，另一方面，试验研究的结果为一些理论方法（例如：p-y 曲线法）的建立[30-38]以及数值分析方法的验证也提供了丰富可靠的数据支持。

最早 Matlock[30]、Reese 等人[31-33]以及 Stevens 等人[35]基于一系列现场试桩试验提出了适用于软黏土、砂土以及硬黏土的 p-y 曲线计算方法，而这些经典的 p-y 曲线也一并被 API[34]、DNV[68]等规范收录。尽管目前类似规范中建议的 p-y 曲线法可以对实际工程提供十分有效的指导，但是一些学者通过室内或离心机模型试验以及现场试验仍然发现了现行设计方法的不足。Jeanjean[69]通过 4 组软黏土单桩离心机试验发现 API 规范对 p-y 曲线中桩周极限土体抗力的规定偏小，并认为对于深部的桩周土体抗力应该由 9 倍的不排水强度变更为 12 倍，而随后 Templeton[70]通过有限元分析，朱斌等人[71]通过现场加载试验也纷纷验证该结论。另外，为了描述循环荷载对桩周土的弱化作用，Poulos[72]根据历史的试验数据建议提出了循环弱化因子的概念来考虑桩周土体的刚度和强度随荷载循环次数的衰减。Georgiadis 等人[73]和 Rajashree 等人[74]在传统静力 p-y 曲线方法的基础上，修正了土体水平极限抗力并引入了循环次数及桩身位移的衰减系数，从而给出了循环荷载下的 p-y 曲线。国内一些学者也通过各类试验考虑了循环水平荷载的影响。朱斌等人[71]开展了软黏土中大直径高桩的现场循环加载试验，发现了循环作用对桩周土体抗力的弱化作用，并在 Poulos 模型[72]的基础上发展出了水平循环荷载下的单桩双曲线型 p-y 曲线分析模型。而唐永胜等人[75]通过室内模型试验研究了水平循环荷载下单桩的受力特性，并考虑了多因素对桩—土相互作用的影响。除此之外，Meyerhof 和 Sastry 等人[76,77]针对倾斜荷载下单桩的受力特性问题开展了模型试验研究，重点讨论了轴向力对横向极限承载力和位移的影响。而 Yalcin 等人[78]、赵明华等人[79]以及顾国锋等人[80]也分别在各自的模型试验中加入了不同的考虑（例如：土的成层性[78]、荷载的加载顺序[79]和荷载组合的影响[80]等），使人们对复杂情况下单桩的水平受力性状有了更全面的认识。

综上可以看出，试验研究在研究解决单桩与土体之间的水平相互作用问题上发挥了举足轻重的作用。

1.2.2　水平受荷群（多）桩的研究现状

在实际工程当中，以单桩为主要承载基础的情况是非常稀少的，更多的是由多根桩组成的群（多）桩基础来承担和传递上部结构带来的水平外荷载。如图 1-4 所示，在水平力作用下，群桩基础内各桩在运动方向的前部土体内会形成扇形的受剪区，随着荷载的增加，该受剪区的面积不断变大。然而当群桩基础桩间距较小时，相邻桩周围的受剪区之间会发生重叠，从而影响了各桩的受力情况，导致了群桩内桩基水平承载力的下降。这也就是人们常说的水平群桩效应。由于群桩基础的承载和变形性状与单桩基础有明显的差别，因此许多学者针对群桩基础开展了一系列相关研究。

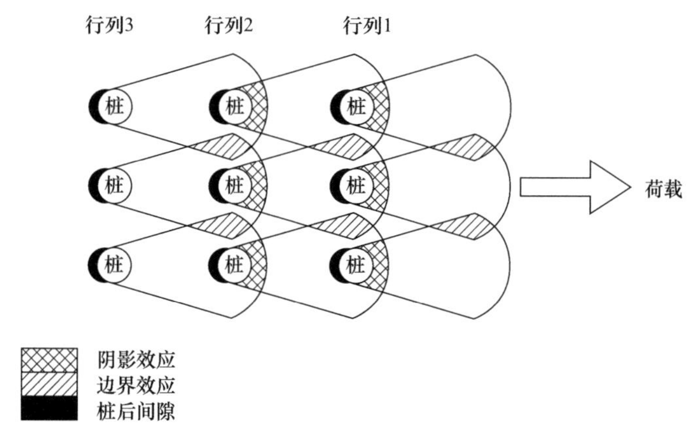

图 1-4　水平群桩效应示意图[81]

1. 理论研究现状

目前用于分析计算水平荷载作用下群桩基础受力性状的理论方法大多是在单桩理论分析方法的基础上建立起来的，因此其分类与单桩理论方法类似，其中最具代表性的方法为弹性理论法、群桩效率法和 p-y 曲线折减系数法。

（1）弹性理论法

解决群桩问题的弹性理论法最初是由 Poulos[82] 在 1971 年提出的，他基于 Mindlin 公式计算得到了群桩基础中各桩之间的相互影响系数，并在之后的工作[83,84]中进一步求得了不同条件下群桩之间相互影响引起的附加位移和转角。Focht 等人[85]在 Poulos 群桩弹性理论解[82]的基础上，结合 p-y 曲线法考虑桩周土体抗力与位移的非线性关系提出了 Focht-Koch-Poulos 综合法。之后，国内学者周洪波等人[86]和仝佗等人[87]也根据该思路将 m 法和 NL 法与弹性理论法进行结合得到了新的综合算法。

（2）群桩效率法

为了描述群桩效应对极限状态下土体抗力的削弱作用，国内外学者[88,89]提出了群桩水平承载效率的概念。它的定义是十分简单的，是指群桩基础的水平极限承载力与相同桩数单桩的水平极限承载力之和的比值。国内学者韩理安[90,91]又进一步考虑了桩顶嵌固增长系数、承台与土体的摩擦作用增长系数、桩侧土体抗力增长系数等对群桩水平承载效率的影响，提出了综合群桩效率的概念。

（3）p-y 曲线折减系数法

从之前单桩的文献回顾中可以看出，p-y 曲线法是最常用的一种描述桩周土体抗力与位移之间关系的计算分析方法。最早 Brown 等人[92]通过引入 p 乘子的概念发展出了群桩基础的 p-y 曲线法，或者叫 p-y 曲线折减系数法。p 乘子考虑了群桩效应的影响，对单桩基础 p-y 曲线中的土体抗力进行折减得到了群桩基础中各桩的 p-y 曲线，如图 1-5 所示。由于 p-y 曲线折减法概念简单运用方便，它逐渐成为工程规范中应用最广的群桩基础计算方法。因此，已有文献中大量的试验和数值研究也都是围绕该方法以及 p 乘子的确定展开的，而这方面的文献回顾将在下文中详细给出。

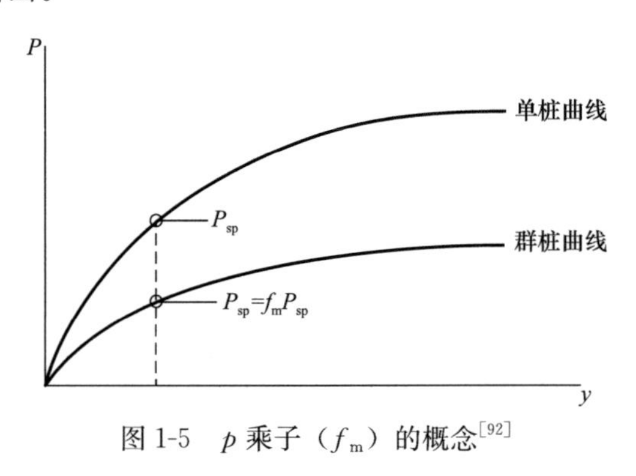

图 1-5　p 乘子（f_m）的概念[92]

2. 数值研究现状

在研究群桩基础的水平受荷问题时，数值模拟分析常常被用来作为校验理论或试验结果正确性的一种研究手段。在目前已有的文献中最常见、应用最广泛的是有限单元法。

Zhang 等人[93]基于有限元程序 FLPIER 分析预测了水平外荷载作用下多种布置类型（3×3～7×3）群桩基础的土体抗力响应，并与 McVay 等人[94]得到的离心机试验结果进行对比，证明了基于有限元程序 FLPIER 得到群桩基础 p-y 曲线的正确性。Yang 等人[95]基于有限元程序 OpenSees 分析了松砂和中密砂中群桩基础（3×3 和 4×3）的水平抗力响应，重点关注了基础周围土体的变形情况以及弯矩荷载在各桩的分布情况，同样也将得到的有限元结果与 McVay 等人[94]的试验结果进行了对比。Fan 等人[96]通过三维非线性有限元分析研究了群桩基础中桩—土—桩之间的相互作用关系，强调了荷载作用方向对群桩效应的影响，发现在同等桩间距条件下荷载方向沿桩排列方向时的群桩效应远大于荷载方向垂直于桩排列方向的情况。Comodromos 等人[97]则是重点研究了桩端由桩帽连接时，群桩效应对基础的承载力与刚度的影响，并分析了桩数以及桩间距的影响规律。另外，茜平一等人[98]、周洪波等人[99,100]以及周常春等人[101]也基于各类数值分析方法对水平荷载作用下的群桩的力学及位移响应做了许多有意义的工作。

3. 试验研究现状

为了评估水平受荷桩群桩效应的强弱，国内外众多学者做了大量的现场试验、1g 模型试验以及离心机模型试验，为群桩基础 p-y 曲线中 p 乘子的确定提供了大量的数据支撑。

Brown 等人[92]在提出 p 乘子的概念之初就通过一系列现场试验研究了密砂中 3×3 群桩基础在水平荷载作用下的受力性状，发现在相同位移条件下前排桩的荷载比后排桩要大，并建议桩间距为三倍桩径时三排桩的 p 乘子分别取 0.8、0.4 和 0.3。随后，McVay 等人[94]通过离心机模型试验研究了更多的群桩布置形式（从 3×3～7×3），并给出了不同群桩中各排桩 p 乘子的取值。Kotthaus 等人[102]则是基于离心机试验研究了不同桩间距情况下（三倍和四倍桩间距）的群桩水平承载效率，结果表明，第一排的 p 乘子接近于 1，而后两排为 0.65。之后，Rollins 等人[103-105]、Chandrasekaran 等人[106]以及 Ilyas 等人[89]分别通过开展各类试验研究（现场试验[103-105]、1g 模型试验[106]和离心机试验[89]）获得了不同土质条件下不同群桩形式的 p 乘子取值。从他们的研究中可以得知，群桩基础承担水平外荷载的基本规律是相同的，例如：前排桩总是承担了最大的荷载和弯矩，每排边桩承担的荷载比中心桩大，群桩效应随桩间距的增加而增加等。但不同试验得到的 p 乘子之间的差异还是很明显的。另外，国内学者在水平受荷群（多）桩基础的群桩效应的评价方面也作出了许多贡献。比如，何光春[107]分析了单桩与排桩中各桩 p-y 曲线的关系，并深入探讨了桩间距、柱深等因素对水平作用下群桩基础的群桩效应的影响。韩洁[108]基于大量试验结果提出了考虑群桩效应的经验公式，同时从桩—土—桩相互作用机理分析出发剖析了影响群桩效应强弱的原因。谢耀峰[109]则是开展了不同桩端连接状况的双桩水平受荷模型试验，着重研究了不同桩间距和加载情况对双桩 p-y 曲线的影响。

1.2.3 桩基水平极限土体抗力的研究现状

基于以上文献回顾可知，国内外众多学者针对水平外荷载作用下桩基的受力问题展开了大量的研究工作，其中桩基水平极限承载力的确定是尤为关键的，而极限状态下桩周土所能够提供的最大的抗力值与桩基的水平承载力直接相关。正如 Murff 等人[110]于 1993 年在其书《P-ultimate for undrained analysis of laterally loaded piles》中提到的："A key element in the analysis of laterally loaded piles is the ultimate unit resistance that can be exerted by the soil against the pile. This peak resistance is often incorporated in p-y curves (soil springs), which are employed in beam-column analyses of piles." 作为 p-y 曲线法中最关键的一个参数，桩基水平极限承载力（水平极限土体抗力）大小的确定无论对 p-y 曲线法的正确使用还是对桩—土相互作用破坏机理的认识都有至关重要的作用。实际上，早在 1964 年 Broms[19]就首先对水平受荷桩的极限土体抗力展开了研究。之后以 Matlock[30]、Reese 等人[31-33]为代表的学者在建立单桩基础的 p-y 曲线法的时候也为确定土体抗力的极限值做了大量的试验。然而遗憾的是，这些不同情况下土体水平极限抗力的确定大部分都是通过试验或者经验判断得到的，并且受限于不同的试验条件和试验环境，许多结果甚至存在明显的差异性，并十分缺乏坚实的理论基础[110,111]。基于以上考虑，一些学者开始通过极限理论（例如：极限分析法）确定桩基的水平极限土体抗力的大小，而本小节的文献回顾也主要围绕该部分理论研究展开。

1984年Randolph和Houlsby[112]最早基于经典的塑性力学理论建立了单桩水平极限土体抗力的极限分析法，构建了二维平面应变条件下水平受荷单桩的破坏模式，如图1-6(a)所示，并给出了单桩水平极限抗力的极限分析上下限解。后来，Murff等人[113]发现当桩表面完全粗糙，即桩—土黏结系数等于1的情况下，基于Randolph和Houlsby破坏模式得到的极限分析上限解无限逼近于下限解，此时Randolph和Houlsby文中给出的解答是精确的。然而当桩—土黏结系数降低时，基于该破坏模式得到的上限解与下限解的差距有所增加。针对该情况，Christensen和Niewald[114]在Randolph和Houlsby破坏模式的基础上进行了完善，构建出一个新的破坏模式［图1-6(b)］缩减了在低桩—土黏结系数情况下上限解与下限解的差距，但是对于高桩—土黏结系数的情况，该破坏模式却不适用。目前，普遍认为Martin和Randolph[115]于2006年提出的破坏模式［图1-6(c)］能够得到单桩水平极限承载力在任意桩—土黏结系数情况下的最佳上限解。

然而，上述单桩基础的理论解答都是基于二维平面应变条件下建立的，它适用于埋深超过临界深度的大部分桩体，但并不适用于靠近地面的部分。Randolph和Houlsby[112]指出当靠近地表面的时候，桩基的水平极限土体抗力值将会减小，因此在该部分土体内需要建立不同的破坏模式进行描述。Murff等人[110]基于理论极限分析上限解分析方法率先建立了考虑完整深度的三维单桩破坏模式。对于桩体临界深度以上的部分他们建立了一个圆锥楔形的破坏模式进行描述，而对于临界深度以下的部分采用了Randolph和Houlsby[112]破坏模式。之后，Klar和Randolph[116]对Murff等人[110]提出的破坏模式进行了改进，对于临界深度以下的部分改用了Klar和Osman[117]提出的连续的环绕式破坏模式。而Yu等人[118,119]则是结合离心机试验和有限元分析结果建立了三维空间内单桩的理论破坏模式，并进一步考虑了破坏时桩体倾角对极限分析上限解答的影响[119]。

近些年来，一些学者也开始将桩基水平极限土体抗力的理论研究拓展到群

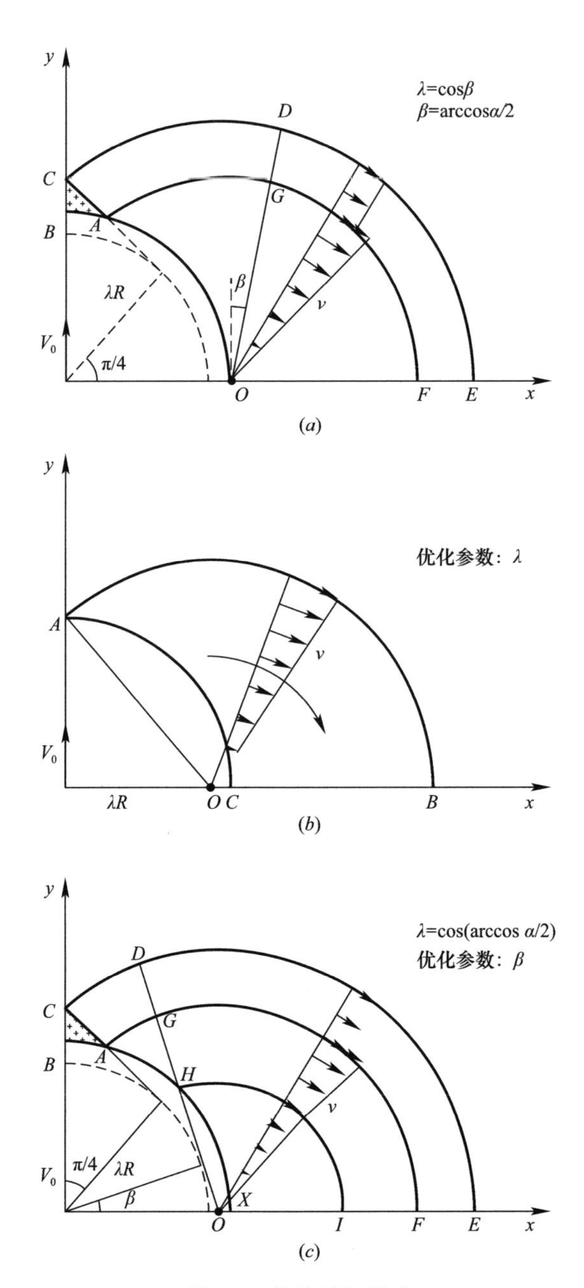

图 1-6 单桩破坏模式

(a) Randolph & Houlsby[112]；(b) Christensen & Niewald[114]；(c) Martin & Randolph[115]

（多）桩基础上。Georgiadis 等人[120]率先使用极限分析上限法解决了双桩的水平极限土体抗力问题，他们结合位移有限元分析以及数值极限分析构建了完整的水平受荷双桩的二维平面应变破坏模式（图 1-7），并考虑了桩间距、桩—土黏结系数等因素对极限分析上限解答的影响。基于极限分析上限理论，他们又研究了荷载作用方向对双桩水平极限土体抗力的影响[121]，构建了新的破坏模式并给出了结果的拟合公式以便工程参考。随后，Georgiadis 等人[111]运用同样的方法构建了水平受荷排桩的二维平面应变破坏模式（图 1-8），得到了排桩水平极限土体抗

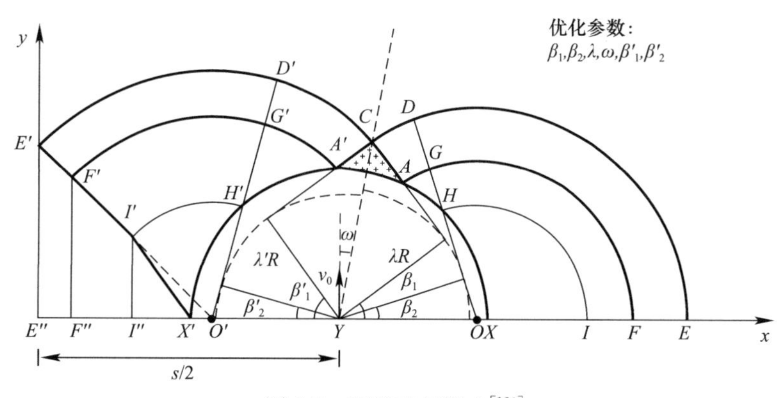

图 1-7　双桩破坏模式[120]

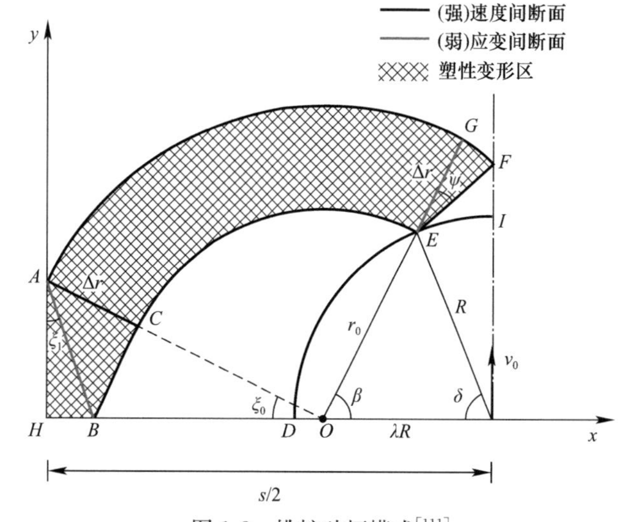

图 1-8　排桩破坏模式[111]

力的理论上限解。同时在文中他们还将排桩的理论上限解答与 Rollins 等人[103]、Mokwa 和 Duncan[122] 以及 Van Impe 和 Reese[123] 的试验结果进行了对比分析，发现不同试验得到的 p 乘子的差异是十分明显的，进一步强调了群（多）桩水平极限土体抗力理论研究的重要性。之后，Georgiadis[124] 又将水平受荷排桩的平面应变解答拓展到三维空间内，研究了水平极限土体抗力沿深度的变化规律，并给出了对于不同桩间距条件和不同深度条件下的 p 乘子的拟合公式，以便工程参考。

1.3 当前研究不足

纵观上述桩基水平承载特性的研究进展，可以看出各类试验研究（现场试验、1g 或离心机模型试验）在桩基水平受荷问题的研究中有着举足轻重的作用。它不仅可以处理各种复杂实际工况，对桩基水平受荷问题进行有针对性的研究，另一方面它还可以为有效的设计计算方法（例如：p-y 曲线法）的形成搭建数据基础。然而该研究手段也存在着明显的缺点：首先，试验研究通常需要耗费大量的人力物力以及财力，已有文献中大部分成果[89,92,94,102-106]都是基于有限的几组桩基水平受荷试验得到的，因此很难借助该手段形成系统的参数分析研究；另外，受试验条件和试验环境的影响，试验研究结果甚至会表现出较为明显的离散性，尤其是在群桩试验中[103,122,123]；再者，在试验中水平受荷桩基周围土体的破坏面形式一般是很难观察到的，这也妨碍了学者们对桩—土相互作用机理的深入研究。基于以上，Randolph 和 Houlsby[112]、Murff 等人[110]在各自文章中多次强调了水平受荷桩极限土体抗力的理论研究（极限分析方法）的重要性。

然而鉴于桩—土相互作用机理的复杂性，一直以来如何构建合理的桩基水平受荷破坏模式一直是制约极限分析上限法在该课题上发展的难题。以 Randolph[112]、Murff[110,113]、Martin[115]、Klar[116,117] 以及 Yu[118,119] 为代表的国内外学者开展了大量的研究，不断地完善和改进了水平受荷单桩的理论极限分析上限法并得到了相对满意的结果。而对于群（多）桩基础而言，由于需要考虑群桩效应的影响，桩—土—桩的相互作用机理与单桩相比更为复杂，这大大增加了水平受荷群（多）桩理论破坏模式构建的难度。正因为如此，在很长一段时间里，鲜有学者对群（多）桩的水平极限土体抗力问题开展理论极限分析研究。近些年来，Georgiadis 等人在《Geotechnique》和《Computers and Geotechnics》等期刊上发表的一系列论文[111,120,121]为多桩基础理论破坏模式的建立提供了新的思路。他们通过其他数值研究手段（位移有限元方法和数值极限分析方法）对双桩、排桩的理论破坏模式的形式进行预估，然后结合塑性力学的极限理论建立了双桩[120,121]和排桩[111]的极限分析上限解法。而这样的研究思路也为其他多桩形式的极限分析研究提供了新的可能。

近些年来，为响应开发利用近海风能的国家能源战略需求，大量的海上风电场以及海上风机相继建立。然而随着场址水深以及风机装机容量的不断增加，传统的重力式、单桩式结构越来越难满足于其承载需要，因此，各类其他形式的基础相继出现，固定形式的多桩基础（例如：三桩基础和四桩基础）就是其中最为常见的基础形式之一。然而遗憾的是，目前对三桩基础和四桩基础水平极限土体抗力的研究是不够全面的，仅有的研究大多基于试验[125-127]或者特定的工程案例[128-130]，而针对三桩基础和四桩基础的理论研究十分有限。因此基于以上目前研究中存在的不足之处，本书将针对三桩基础和四桩基础水平极限土体抗力问题进行系统的理论及数值研究，并希望得到一些一般性的规律和认识。这里需要说明的一点是，鉴于桩—土破坏模式构建的复杂性，多桩基础的三维破坏模式的构建是极其困难的（目前文献中桩—土三维极限分析的理论研究仍仅限于单桩基础），因此本书针对三桩和四桩基础水平极限土体抗力问题得到的理论解答仍是基于二维平面应变条件下的，它可以给出水平极限土体抗力沿深度变化的最大值，可以描述深度超过临界深度的大部分桩体，但不适用于靠近地表的部分。

另一方面，之前的桩基水平极限土体抗力的塑性力学解答均是基于小应变假定的，因而忽略了桩周土几何非线性对土体抗力极限值的影响。本书将以单桩基础为例，探究桩基产生大位移时基础的水平极限抗力大小。

1.4 主要研究内容及技术路线

1.4.1 主要研究内容

本书基于目前研究存在的不足，着重开展了三桩基础和四桩基础水平极限土体抗力极限分析上限解法的理论研究，通过数值手段分析了桩间距、桩—土黏结系数、荷载作用方向和偏心距等多类因素对水平极限土体抗力的影响规律，并以单桩基础为例讨论了桩周土几何非线性对土体抗力极限值的影响。主要工作内容如下：

（1）本书的第 1 章主要介绍了研究课题的背景以及意义，回顾了水平受荷桩基（包括单桩和群桩）的国内外研究现状，发掘了当前多桩水平极限土体抗力研究的不足之处，并阐述了本书的主要研究内容和技术路线。

（2）本书的第 2 章通过有限分析方法，得到了考虑土体几何非线性变形的单桩水平极限土体抗力解答，重点讨论了传统塑性解答中小应变假定对计算结果的影响，分析了土体刚度参数对水平抗力极限值的影响规律并通过桩周土破坏模式的变化对其进行了解释。

（3）本书的第 3 章在极限分析上限理论框架内，结合位移有限单元法对水平受荷多桩基础（三桩基础和四桩基础）破坏模式的预估构建了适用于不同桩间距条件的理论破坏模式，并依据此建立了多桩基础水平极限土体抗力的极限分析上限解法。之后通过与位移有限元以及数值极限分析结果的对比分析，分别验证了三桩基础和四桩基础水平极限土体抗力理论上限解答的合理性与正确性。

（4）本书的第 4 章通过位移有限元分析方法，分别探究了桩间距、桩—土黏结系数和荷载作用方向角等因素对三桩基础和四桩基础水平极限土体抗力的影响规律，并给出了不同影响因素条件下三桩基础和四桩基础水平极限土体抗力系数的经验公式和 p 乘子。

（5）本书的第 5 章通过有限元极限分析方法，研究了水平偏心荷载作用下双桩、三桩和四桩基础极限土体抗力问题，讨论了荷载偏心距对双桩、三桩和四桩基础极限土体抗力和周围土体破坏模式的影响，并通过引入偏心影响系数的概念量化了荷载偏心作用对桩基水平极限承载能力的削弱作用。

（6）本书的第6章对本书取得的主要研究成果进行归纳总结，指出本研究存在的不足，并提出下一步亟需开展的研究。

1.4.2 技术路线

本书的技术路线如图1-9所示。

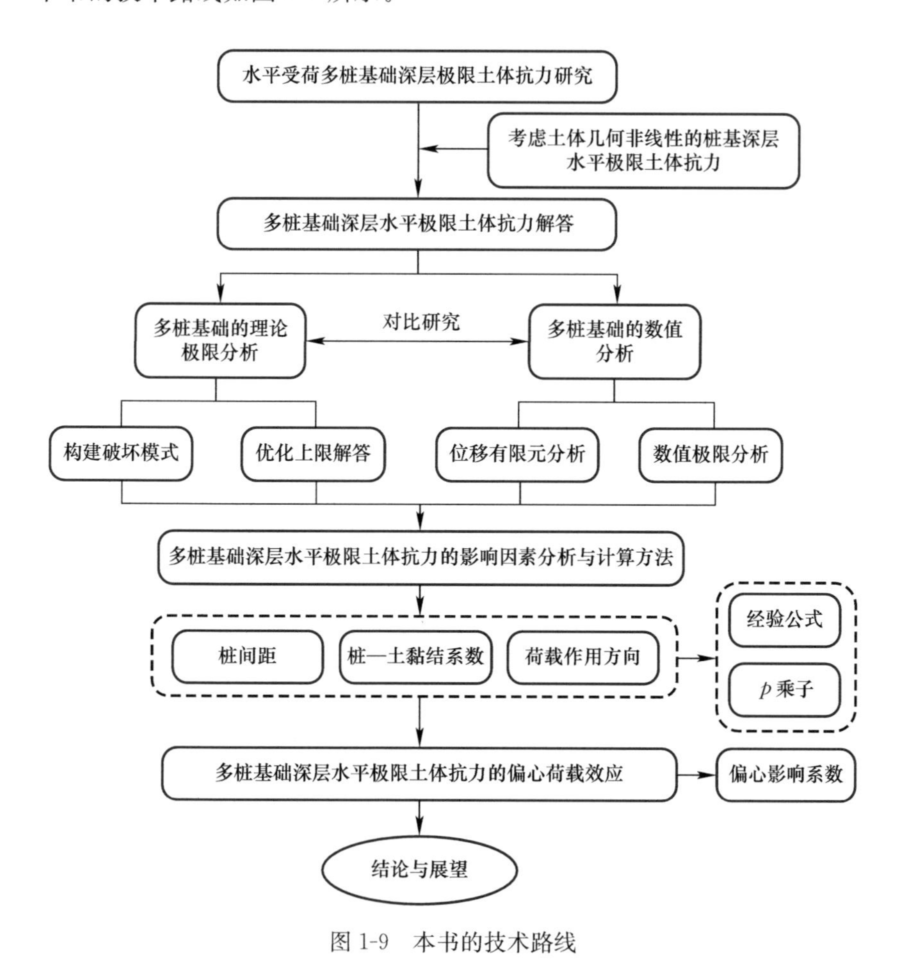

图1-9 本书的技术路线

第2章 考虑土体几何非线性的桩基深层水平极限土体抗力

2.1 引言

单桩水平承载能力的评估是研究多桩基础水平群桩效应的基础。为探究单桩单位长度水平极限抗力 p_u 沿深度的变化规律，前人通过模型试验[30,33,131]、数值分析[55,56]以及极限分析方法[110,118]开展了大量的研究并达成了共识，认为 p_u 从很低的数值（对应地表位置）沿深度不断增加并在某一临界的深度达到最大值。这个最大值通常用一个标准化的水平极限土体抗力系数 N_p 来表示，它等于桩基的极限土体抗力 p_u 与土体不排水强度 s_u 与桩径 D 乘积的比值（即 $N_p=p_u/s_uD$）。为求解该最大土体抗力的大小，许多学者开展了一系列工作（例如：Randolph 和 Houlsby[112]，Christensen 和 Niewald[114]，Martin 和 Randolph 等人[115]）。他们基于二维绕桩破坏模式的假定建立了平面应变模型，并给出了单桩极限土体抗力的塑性解答。其中最具代表性的是 Randolph 和 Houlsby 在 1984 年得到的极限分析解答，该解答考虑了桩—土界面强度的弱化，其表达式为：

$$N_{ps}=\pi+2\arcsin\alpha+2\cos(\arcsin\alpha)+4\left[\cos\left(\frac{\arcsin\alpha}{2}\right)+\sin\left(\frac{\arcsin\alpha}{2}\right)\right] \quad (2\text{-}1)$$

式中 N_{ps}——单桩水平极限土体抗力系数的塑性解答；

α——桩—土黏结系数，它等于桩—土接触面的极限剪切强度 τ_f 与土体的不排水强度 s_u 的比值（即 $\alpha=\tau_f/s_u$）。

然而，以上大部分学者得到的塑性解答均是基于小应变假定的，这些解答仅与土体的强度参数有关。事实上当桩基产生较大位移时，土体刚度参数的变化会导致桩周土产生明显的变形差异，对桩基础的水平极限土体抗力也会产生影响。因此，本章将有限元方法对修正剑桥黏土的刚性参数进行敏感性分析，并探究小应变假定（或桩周土几何非线性）对桩基水平极限土体抗力的影响。

2.2　修正剑桥模型及参数选定

本章中有限元分析是基于有限元软件 ABAQUS[132] 开展的。土体的力学性质采用修正剑桥模型来描述，其中考虑了不同刚度参数的变化对土体极限状态下土体抗力的影响。土体的材料参数见表 2-1。

土体修正剑桥模型的材料参数　　表 2-1

土体参数	取值
压缩曲线斜率 λ	0.3/变化
屈服应力比 M	1.2
初始孔隙比 e_0	3
泊松比 ν	0.15
初始平均应力 p_0'(kPa)	50
超固结比 OCR	1
渗透系数 $k_v=k_h$(m/s)	1×10^{-10}
回弹曲线斜率 k	0.03/变化

虽然修正剑桥模型在许多书和文献中已经有很详细的描述，但在 ABAQUS 中修正剑桥模型的表达形式与常规的形式有所不同，其屈服面函数如式（2-2）所示。

$$\frac{1}{\beta_m^2}\left(\frac{p_m}{\alpha}-1\right)^2+\left(\frac{t_m}{M\alpha}\right)^2-1=0 \tag{2-2}$$

式中　$p_m=-\frac{1}{3}\mathrm{trace}\boldsymbol{\sigma}$ 是平均（有效）应力；

$t_m=\frac{1}{2}q_m\left[1+\frac{1}{K}-\left(1-\frac{1}{K}\right)\left(\frac{r_m}{q_m}\right)^3\right]$是偏应力；

$q_m=\sqrt{\frac{3}{2}S:S}=\sqrt{3J_2}$是等效应力；

J_2——第二偏应力不变量；

$r_m=\left(\frac{9}{2}S:S\cdot S\right)^{\frac{1}{3}}$是第三应力不变量；

M——p_m-t_m平面上的屈服应力比；

β_m——一个控制屈服面形状的参数；

α——屈服面与临界状态线的交点所对应的p_m的大小；

K——三轴拉伸与三轴压缩所对应屈服应力的比值，它控制了Π平面上屈服面的形状。

在本章研究中，将β_m和K都设为1，因而屈服面的形状与第三应力不变量无关，并且屈服面在Π平面上的投影为圆形。

另外，修正剑桥模型中应力增量$\Delta p'$与应变增量$\Delta\varepsilon_v$的关系可以通过式（2-3）来表示：

$$\Delta\varepsilon_v=\begin{cases}\dfrac{\kappa}{(1+e_0)(1-\varepsilon_v)}\dfrac{\Delta p'}{p'} & \text{弹性阶段}\\[2ex] \dfrac{\lambda}{(1+e_0)(1-\varepsilon_v)}\dfrac{\Delta p'}{p'} & \text{弹塑性阶段}\end{cases}\tag{2-3}$$

其中ε_v是体积应变。而模型中的体积模量K_t和剪切模量G_t的表达式分别为：

$$K_t=\frac{(1+e_0)(1-\varepsilon_v)}{\kappa}p'\tag{2-4}$$

$$G_t=\frac{3(1-2v)}{2(1+v)}K_t\tag{2-5}$$

可以看出，在修正剑桥模型当中土体的刚度是由回弹曲线斜率κ和压缩曲线斜率λ控制的。因此本章将基于有限元分析，通过改变两个刚度参数的大小研究土体刚度对桩周极限土体抗力p_u的影响，从而进一步体现土体几何非线性变形对p_u的影响。

若想求得标准化水平极限土体抗力系数N_p的大小，需要得到土体不排水剪切强度的大小。对于正常固结的修正剑桥黏土而言，土体的不排水强度s_u可以通过式（2-6）计算得到，该式是由Potts在1984年提出的[133]。

$$s_u=\sigma_v'g\ (\theta_1)\ \cos\theta_1\left(\frac{1+2K_0^{NC}}{3}\right)\left(\frac{1+B_u^2}{2}\right)^{1-\frac{\kappa}{\lambda}}\tag{2-6}$$

在二维平面应变条件下，土体破坏时Lode角$\theta_1=0$，塑性势函数$g(\theta_1)$表达式为：

$$g(\theta_1)=\frac{\sqrt{J_2}}{p}=\frac{M}{\sqrt{3}} \tag{2-7}$$

$$B_u=\frac{\sqrt{3}(1-K_0^{NC})}{g(-30°)(1+2K_0^{NC})} \tag{2-8}$$

其中，$K_0^{NC}=1$。

将式（2-7）和式（2-8）代入式（2-6）中，可以得到平面应变条件下正常固结的修正剑桥模型黏土的不排水强度表达式，如式（2-9）所示。

$$\frac{s_u}{\sigma_v'}=\frac{M}{\sqrt{3}}\left(\frac{1}{2}\right)^{1-\frac{\kappa}{\lambda}} \tag{2-9}$$

其中，在应力各向同性条件下$\sigma_v'=p_0'$。

2.3　土体几何非线性对深层水平极限抗力的影响

为了更加准确地评价土体几何非线性对单桩水平极限土体抗力的影响，首先需要验证在小应变条件下有限元分析结果与基于极限分析理论的塑性解答的一致性，对以下建立的单桩有限元模型进行验证标定。

因此，基于有限元软件ABAQUS建立了一个二维平面应变单桩有限元模型，如图2-1所示。其中，桩体采用4节点的平面应变无孔隙单元（CPE4）进行划分，而土体采用了4节点平面应变孔隙单元（CPE4P）进行划分。模型内网格的划分密度通过数值结果对网格数量的敏感性分析确定，分别分析了网格总数从6000～48000的情况，发现当网格数量超过12000时有限元分析的结果将不再有明显的变化，此时得到的结果可以满足分析精度的要求，因此在所有有限元模拟当中，模型中的网格数量确定为12000（图2-1）。模型各边界设置在距桩几何中心10倍桩径的位置，通过预先的模拟分析发现此时模型的边界不会对分析结果产生影响。另外，各边界上均是不排水的。

桩—土接触面上的力学性质则是通过ABAQUS中定义的面对面接触模型来

描述，桩体表面为主控面而土体表面为从属面。为了考虑不同的桩—土界面情况，通过定义接触面上的极限剪切应力分别模拟了桩—土接触面完全光滑（桩—土界面剪切强度 $\tau_f=0$）和完全粗糙（桩—土界面剪切强度 τ_f＝土体不排水强度 s_u）的情况。桩—土界面上的摩擦系数在模拟界面光滑时设置为 0，而在模拟界面粗糙时应设置足够大，使得桩—土界面上的剪切应力可以达到极限值 s_u。

由图 2-1 可知，本章有限元分析是位移控制的，因此需要在桩的中心施加桩体位移 y，为保证能够达到极限土体抗力值 p_u，预设的位移量 $y=0.5D\sim0.8D$，具体的取值与土体的刚度参数（κ，λ）有关。同时，为了模拟土体的不排水情况，桩体位移的速率应当在考虑土体渗透系数的前提下足够大，整个模拟过程的总时长设置为 100s，而每一个分析步的时间步长不固定，允许的最小时间步长和最大时间步长分别为 10^{-7}s 和 10s。为了遵从 Randolph 和 Houlsby 塑性解答中满足的小应变假定，该部分小应变有限元分析中不考虑桩周土体的几何非线性变形，同时对桩—土界面上接触对的定义采用了 ABAQUS 中的小滑动算法(Small sliding formulation)。

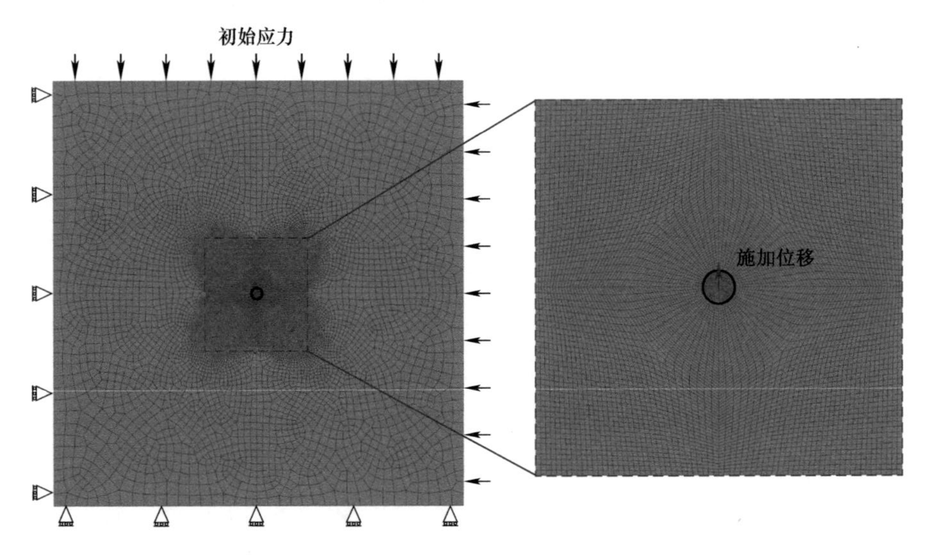

图 2-1　水平受荷单桩在 ABAQUS 中的二维平面应变有限元网格

基于以上分别做了两组小应变有限元的模拟分析。第一组在保持其他参数固定的前提下（具体数值见表 2-1）研究 κ 对单桩水平极限土体抗力系数 N_p 的影响，而第二组则是在保持 κ 和其他材料参数不变的前提下研究 λ 对单桩水平极限土体抗力系数 N_p 的影响。如图 2-2 和图 2-3 所示，对于任意 κ、λ 值和任意桩—土界面粗糙度，小应变有限元结果总是与 Randolph 和 Houlsby 的塑性解答有很好的吻合度，最大的差距不超过 4%。这证明基于小应变的有限元分析与传统的理论塑性解答有很好的一致性。

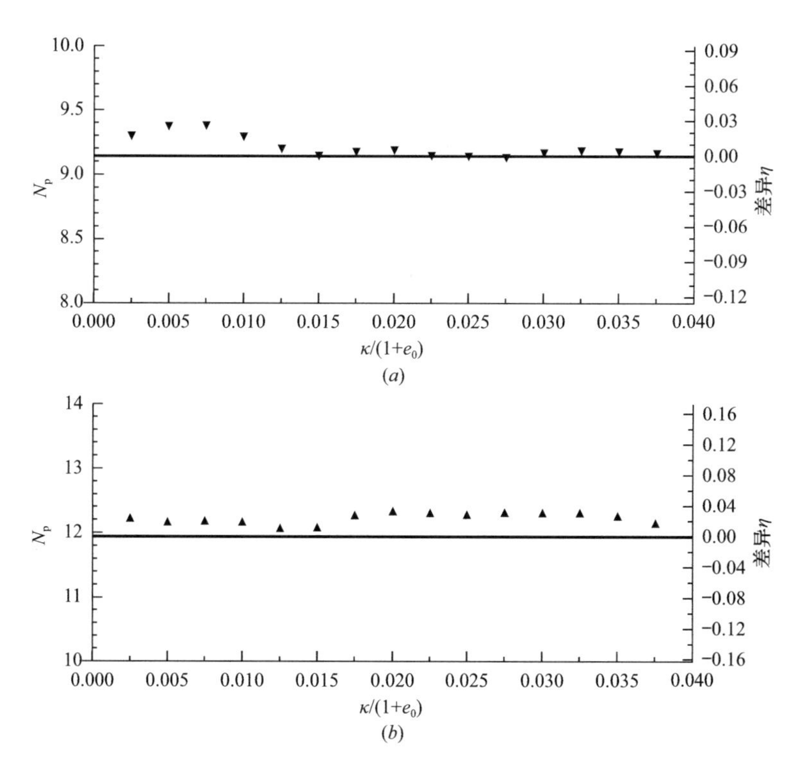

图 2-2　小应变有限元结果（散点）与理论塑性解答（直线）的对比（κ 不同）

（a）桩—土接触面光滑；（b）桩—土接触面粗糙

后面将继续通过有限元分析考虑土体几何非线性对单桩基础水平极限土体抗力系数 N_p 的影响。

基于同样的单桩有限元模型（图 2-1），在有限元分析的过程中又考虑了桩周土的几何非线性，同时对桩—土界面上接触对的定义采用了有限滑动算法

(Finite sliding formulation)。与小应变有限元分析过程相同，通过改变剑桥黏土中回弹曲线斜率 κ 和压缩曲线斜率 λ 的参数取值来探讨土体几何非线性变形对极限水平土体抗力的影响。该部分分析中土体材料参数的取值见表 2-1。

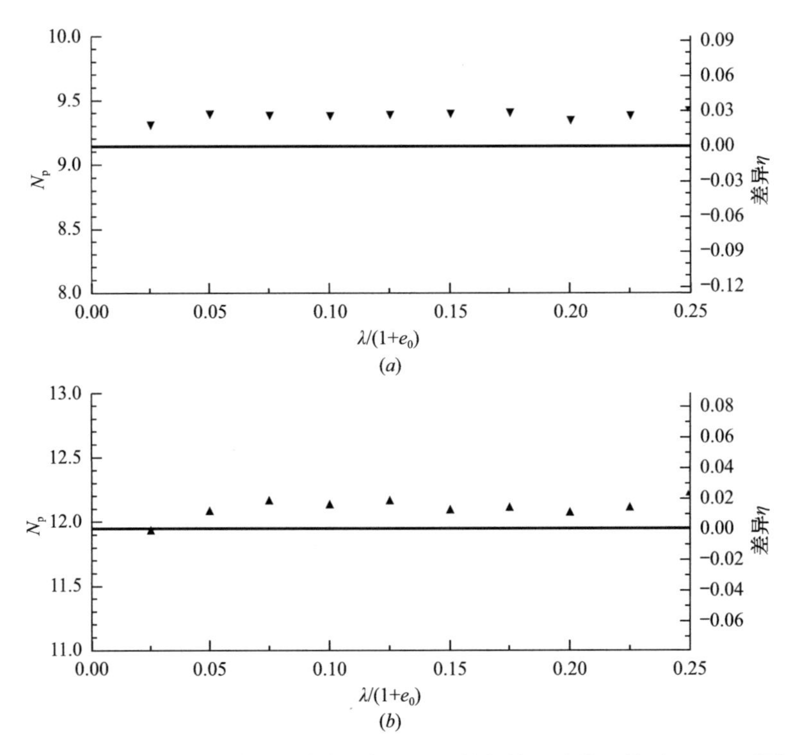

图 2-3 小应变有限元结果（散点）与理论塑性解答（直线）的对比（λ 不同）

(a) 桩—土接触面光滑；(b) 桩—土接触面粗糙

图 2-4 分别呈现了两类不同桩—土接触面条件下（光滑和粗糙），回弹曲线斜率 κ 对土体水平抗力系数 N_{p0}（$=p/s_uD$，其中 p 是土体作用在桩上的水平抗力）随桩体水平位移 y 变化曲线的影响，其中压缩曲线斜率 λ 的取值保持不变为 0.3。可以发现 N_{p0} 随位移桩径比 y/D 的增大而增大，并在桩体位移达到 $(y/D)_t$ 时取得最大值 N_p，同时 N_{p0} 的发展和 N_p 的大小均受回弹曲线斜率 κ 的取值的影响。由以上对修正剑桥模型中土体刚度的描述可知，κ 控制着土体的弹性刚度，因此当 κ 很小时，土体的本构特性更趋近于刚性—完全塑性模型，N_p

与 Randolph 和 Houlsby 的塑性解答十分接近。随着 κ 值的增大，达到土体抗力极限值所需的桩体位移 $(y/D)_t$ 不断增大（表 2-2），而单桩的水平极限土体抗力系数 N_p 却明显减小，这与小应变有限元分析中得到的结果是不同的。

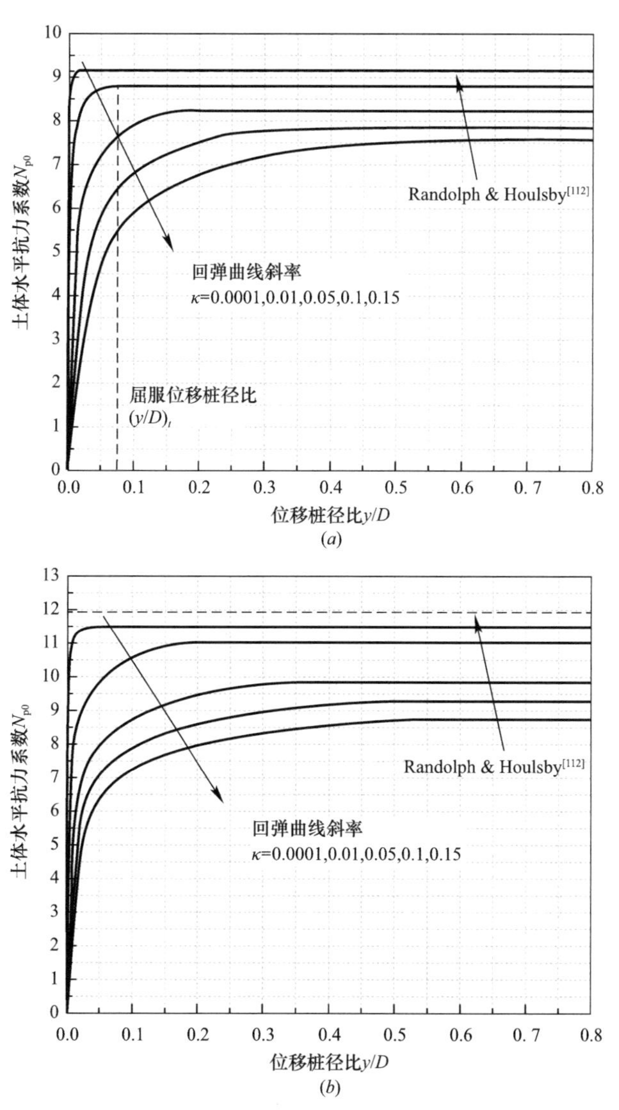

图 2-4　不同 κ 条件下水平抗力系数 N_{p0} 与桩体位移的变化曲线

（a）桩—土接触面光滑；（b）桩—土接触面粗糙

不同 κ 值和桩—土界面情况下的屈服位移桩径比　　表 2-2

回弹曲线斜率 κ	屈服位移桩径比 $(y/D)_t$	
	接触面光滑	接触面粗糙
0.0001	0.009	0.042
0.01	0.086	0.185
0.05	0.283	0.358
0.1	0.441	0.505
0.15	0.564	0.529

另外，桩—土接触面上的粗糙度也会影响 κ 对水平极限土体抗力系数 N_p 的降低作用。图 2-5 呈现了不同桩—土界面条件下水平极限土体抗力系数 N_p 随 $\kappa/(1+e_0)$ 的变化曲线。可以看出，桩—土界面粗糙时水平极限土体抗力系数 N_p 随回弹曲线斜率 κ 的降低更为显著，最大的减小量可达原先值的 24%，而桩—土界面光滑时，最大的减小量仅为原先值的 17%。

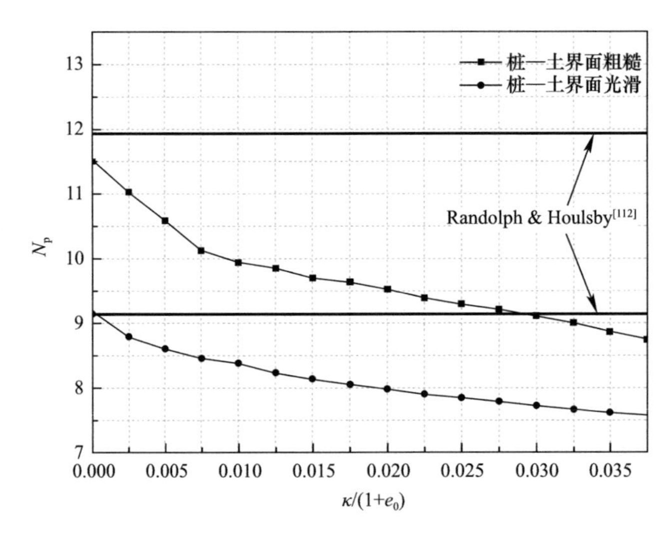

图 2-5　水平极限土体抗力系数 N_p 随 $\kappa/(1+e_0)$ 的变化曲线

水平极限土体抗力系数 N_p 随回弹曲线斜率 κ 的明显降低可以通过极限状态下桩周土塑性破坏面样式（应变率云图）的变化来解释。图 2-6 呈现了当

κ=0.0001、0.05、0.1 和 0.15 时对应水平抗力达到极限值的塑性应变率云图。可以看出当有限元模拟考虑几何非线性时，回弹曲线斜率 κ 的变化会明显改变对应土体抗力极限值所需的桩体位移 $(y/D)_t$，从而导致周围土体破坏面的几何形状发生了变化，同时桩—土接触面发生了部分的分离。这里需要说明的一点是，尽管有限元模拟的结果中发生了结构物与土的分离情况（图 2-6），但由于如图 2-1 所示建立的有限元模型中上边界和右边界上的位移是自由的（上边界和右边界上分别施加了法向压力来模拟初始应力状态），因此土体的不排水条件（体积不变）在模拟的全过程中是时刻满足的，同时土体的孔隙率也是不变的。而这种黏土地基中水平受荷桩产生结构—土分离的情况，在之前的一些学者的试验研究[134]中也有所体现。因此该模拟中发生桩土分离的情况是合理的。

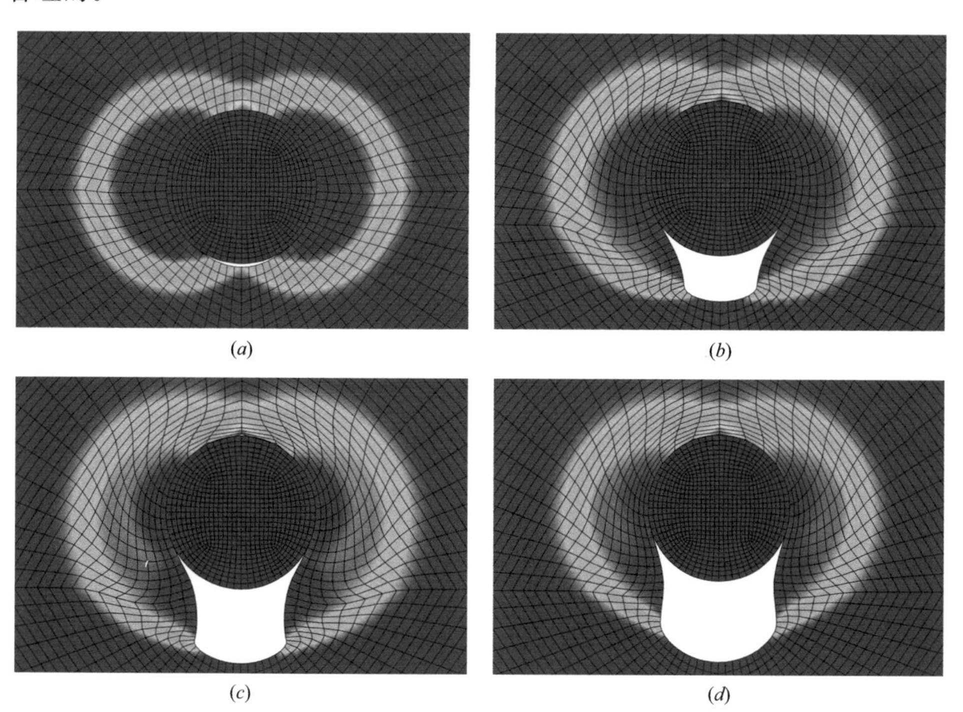

(*a*)　(*b*)　(*c*)　(*d*)

图 2-6　桩周土体水平抗力达到极限时的破坏模式（应变率云图）

(*a*) κ=0.0001；(*b*) κ=0.05；(*c*) κ=0.1；(*d*) κ=0.15

随着 $\kappa/(1+e_0)$ 的增长，桩土分离现象对粗糙桩水平极限抗力降低的影响更为显著。这是由于对于表面粗糙的单桩基础，极限状态下剪切应变的产生一部分来源于桩周土内部（与光滑桩相同），而另一部分源自于桩—土接触面上。桩土的分离会导致后者剪切应变的削减，从而进一步降低了粗糙桩的承载能力。当 $\kappa/(1+e_0)$ 很小时，桩周土达到极限状态需要的应变量很小，但在桩后很小的范围内仍会发生桩土分离的情况，这造成了粗糙桩极限水平土体抗力值的降低（与 Randolph 和 Houlsby 的塑性解答相比），因此由图 2-5 可以看出，有限元结果不断接近但仍明显小于 Randolph 和 Houlsby 的塑性解答，而对于光滑桩而言该差异则不存在。

桩周土体的几何非线性对单桩水平极限土体抗力以及桩—土破坏模式的影响将通过对压缩曲线斜率 λ 的参数分析进行进一步的探讨。图 2-7 分别呈现了桩—土界面粗糙和桩—土界面光滑条件下，压缩曲线斜率 λ 对水平抗力系数 N_{p0} 随桩体水平位移 y 变化曲线的影响，其中回弹曲线斜率 κ 的取值保持不变为 0.03。通过上文中对修正剑桥模型中土体刚度的描述可知，λ 控制着土体的弹塑性刚度。然而从图 2-7 和表 2-3 中可以看出，无论桩—土接触面粗糙还是光滑，λ 对桩体的屈服位移 $(y/D)_t$ 和水平抗力系数 N_{p0} 的影响均很微弱。同时，水平极限土体抗力系数 N_p 对 λ 的变化也不敏感，如图 2-8 所示。通过对桩周土极限状态下破坏模式云图（图 2-9）的观察可知，当 λ 从 0.1 变化到 1.0 时，桩周土破坏面的几何形状和桩—土界面上的分离情况的变化均不明显。

不同 λ 值和桩—土界面情况下的屈服位移桩径比　　　表 2-3

压缩曲线斜率 λ	屈服位移桩径比 $(y/D)_t$	
	接触面光滑	接触面粗糙
0.1	0.192	0.329
0.4	0.141	0.261
0.7	0.128	0.229
1.0	0.125	0.221

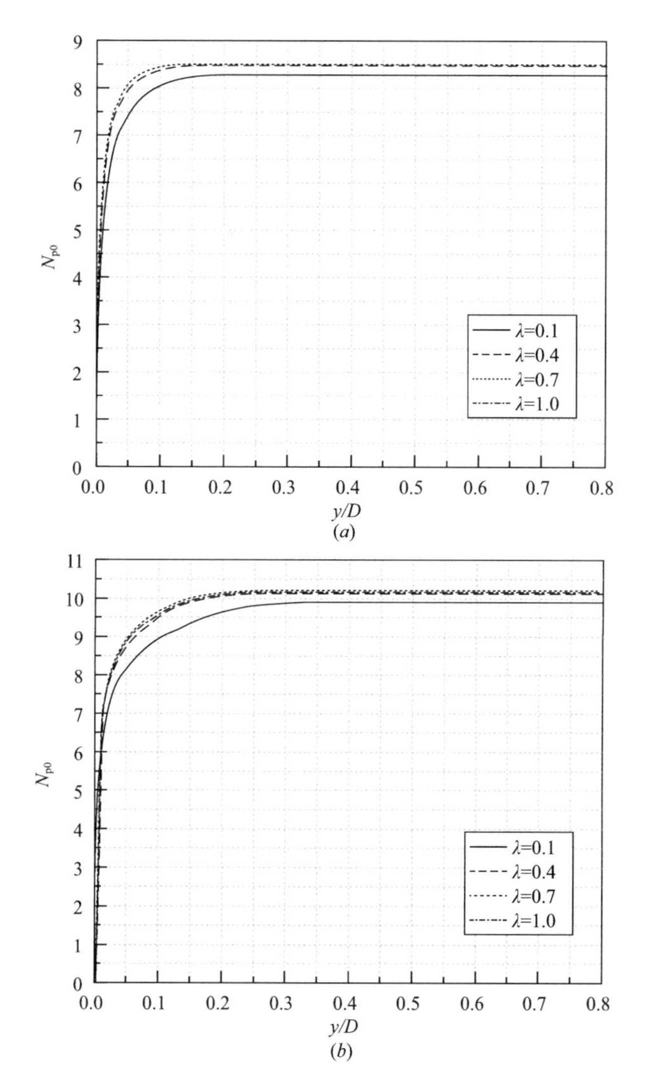

图 2-7　不同 λ 条件下水平抗力系数 N_{p0} 与桩体位移的变化曲线

（a）桩—土接触面光滑；（b）桩—土接触面粗糙

综上可知，当考虑土体的几何非线性时，修正剑桥黏土的弹性刚度参数—回弹曲线斜率 κ 对单桩的水平极限土体抗力的大小有明显的影响，N_p 随 κ 的增大而减小，而弹塑性刚度参数—压缩曲线斜率 λ 对 N_p 的影响却十分有限。

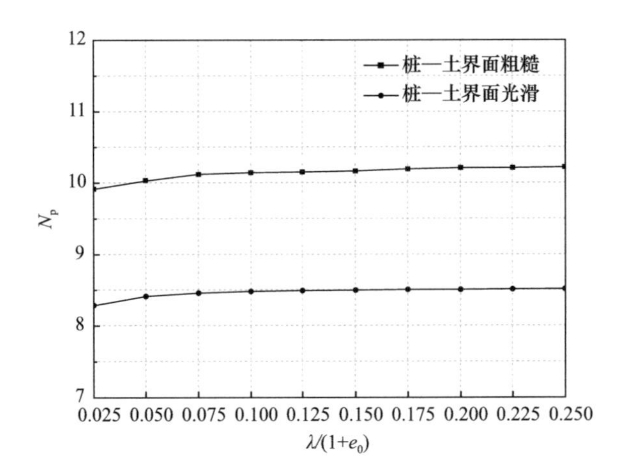

图 2-8 水平极限土体抗力系数 N_p 随 $\lambda/(1+e_0)$ 的变化曲线

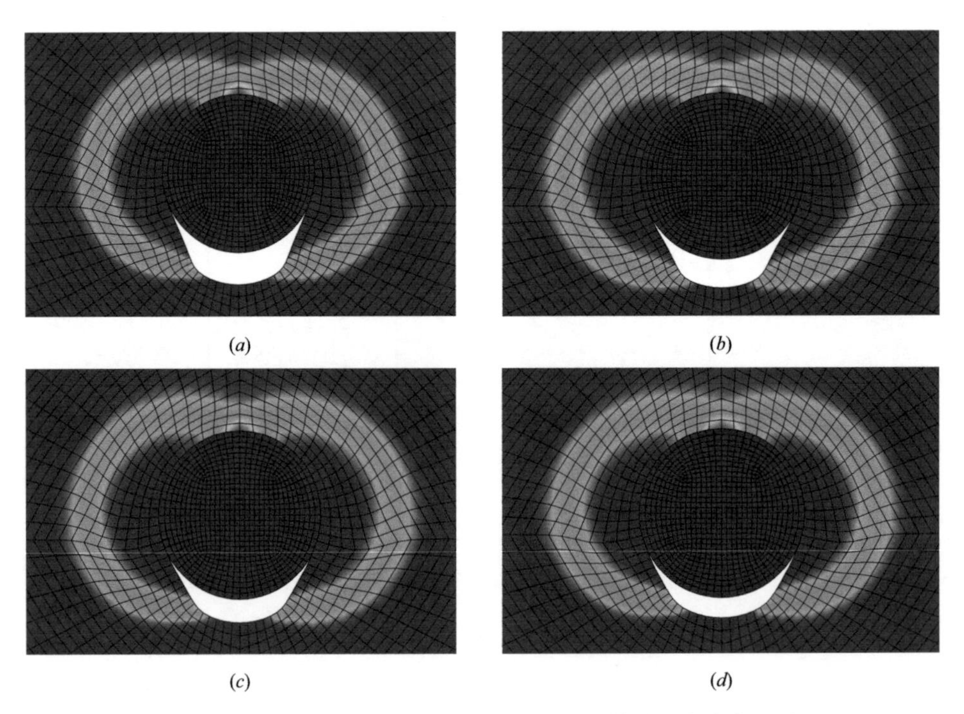

图 2-9 桩周土体水平抗力达到极限时的破坏模式（应变率云图）

（a）$\lambda=0.1$；（b）$\lambda=0.4$；（c）$\lambda=0.7$；（d）$\lambda=1.0$

2.4　本章小结

本章通过有限元分析方法探究了桩周土体几何非线性对单桩水平极限土体抗力解答的影响，证明了在考虑土体大变形情况时桩基的水平极限土体抗力不仅仅与土体的强度有关，同样还与土体的刚度有关。传统被广泛运用的单桩塑性解答忽略了在水平加荷过程中桩周土变形对桩—土破坏模式的影响，进而忽略了土体几何非线性对单桩水平极限土体抗力解答的影响。

对于修正剑桥黏土而言，当考虑桩周土变形的几何非线性时，随着回弹曲线斜率 κ 的增大（即土体刚度的减小），达到土体抗力极限值所需的桩体水平位移 $(y/D)_t$ 不断增大，而土体的水平极限抗力不断减小，与传统的塑性解答相比最大的减小量可达原先值的 24%。因此，土体几何非线性对桩基水平承载能力的影响在今后桩基的设计当中应当得到足够的重视和对待。

第3章　多桩基础深层水平极限土体抗力的极限分析上限解法

3.1　引言

极限分析方法是一种常见的分析理想弹塑性或刚塑性材料进入极限状态下破坏问题的理论方法，其中包括下限定理和上限定理，其解答分别对应了极限分析中的下限解和上限解。而极限状态下破坏荷载的精确解就落在上下限解限定的范围内。因此运用该方法分析极限承载力问题时应当合理地选取静力许可的应力场，得到尽可能大的破坏荷载下限值，同时适当地构建运动许可的速度场，得到尽可能小的上限值。当其上限值无限逼近下限值的时候，就可以认为得到了该破坏荷载的“真解”。

由于多数情况下建立满足要求的应力场比较困难，而构建运动许可的速度场相对容易，在目前的桩基承载力问题当中，学者们大多采用极限分析上限法去计算桩基的极限承载力。经过 Randolph[112]、Murff[110,113]、Martin[115]、Klar[116,117] 以及 Yu[118,119]等一大批学者的努力，目前国内外学术界对单桩水平极限承载力的理论研究已经趋近于完善。但是在基础工程中，单桩基础相对罕见，大多数桩基础常以群（多）桩形式出现。而群桩效应对桩基水平承载力的影响是不可忽视的。为此国内外众多学者做了大量的试验研究，其中包括现场群桩试验（例如，Brown 等人[92]和 Rollins 等人[103-105]）、1g 室内模型试验或离心机试验（例如，Patra 等人[88]、Ilyas 等人[89]和 McVay 等人[94]）。然而，试验研究常常在其前期准备以及试验过程中消耗大量的人力物力，使得详尽的参数分析很难实现。另一方面，类似极限分析法一类的数学解析方法可以从破坏机制上对该问题有更深刻的认识，同时可以形成更有效的设计方法。因此，Georgiadis 等人[120] 率先使用极限分析上限法解决多桩的水平承载力问题。他们结合有限元分析结果构建了完整的水平受荷双桩的二维破坏模式，并考虑了桩—土黏结系数，桩间距以及外荷载作用方向等因素对双桩水平极限承载力的影响，给出了结果的拟合曲线以便工程参考。

近些年来，开发利用海洋能源越来越成为国家重要的战略选择，大量的海上采油平台、海上风电场相继建立。而随着选择场址位置水深的不断增大，传统的重力式基础结构越来越难以满足其承载需要，因此，各类其他的基础形式相继出现，其中包括：单桩式基础、吸力式沉箱或吸力筒基础以及多桩基础等。然而尽管一些学者（例如：Byrne 和 Houlsby[135]）认为：与传统的单桩基础以及沉箱基础相比，多桩基础（三桩基础和四桩基础）是近海风机更有效率的一种基础形式，但现有文献中对多桩基础的研究仍然很有限。仅有的一些研究[125,136,137]也主要是基于试验并针对一些特殊的工程，而对该类基础一般性的认识十分缺乏。同时多桩基础长期以来遭受到来自于海洋环境巨大的水平荷载，例如：风荷载、波浪荷载、地震荷载等。因此，研究该类基础的水平极限土体抗力，探究水平受荷时三桩基础和四桩基础的破坏模式是非常有必要的。

因此，本章将分别针对三桩基础和四桩基础的水平极限土体抗力问题，基于极限分析上限理论结合位移有限元分析对土体破坏模式的预估，构建合理的运动许可速度场（破坏模式），并基于这些速度场分别求得三桩基础和四桩基础的水平极限土体抗力的大小。最后将得到的理论上限解与其他数值方法得到的结果进行对比分析，从而验证理论结果的正确性。

3.2　多桩基础深层水平极限土体抗力极限分析研究回顾

近年来，多桩基础深层水平极限土体抗力的极限分析研究逐步深入。Georgiadis 等人[111,120]基于极限分析上限定理分别对双桩和排桩基础的深层水平极限承载力问题开展了理论分析，构建了多种巧妙且有效的破坏模式，为本书后续研究的开展提供了有益的借鉴。

3.2.1　水平受荷双桩基础破坏模式分析

Georgiadis 等人[120]关于水平受荷双桩基础一共构建了两种破坏模式。第一种破坏模式如图 3-1 所示，它涵盖了大多数桩间距情况。鉴于破坏模式的对称性，图 3-1 仅显示了完整破坏模式的 1/4，其中 x 轴是破坏模式的几何对称轴也是相对于速度场的反对称轴。图 3-1 破坏模式的外侧区域（桩的右侧区域）类似于 Martin 和 Randolph[115]构建的单桩破坏模式，两者主要区别在于，桩前刚性区域的顶点 C 不像单桩破坏模式那样平行于对称轴（y 轴），而是形成一个夹角 ω。图 3-1 破坏模式的内侧区域（桩的左侧区域）包括两个塑性区 $C'D'E'F'G'A'$ 和 $A'G'F'I'H'$，以及一个类似于单桩的刚性旋转块 $H'I'X'$。如图 3-1 所示，这些区域延伸到速度非连续边界 $X'I'F'E'$ 而非 x 轴，这种速度非连续边界是为了满足对称平面（y 轴）处的零水平位移边界条件。同时，为了满足速度非连续处的相容性条件，将其下方的区域划分为三个区域：刚性区 $E'F'F'E'$ 和两个塑性区 $F'I'I'F'$ 和 $I'X'I'$。根据优化参数，圆弧 $D'E'$、$G'F'$ 和 $H'I'$ 的中心 O' 可能位于桩的外部。在这种情况下，速度非连续边界变成一条直线 $O'I'F'E'$。

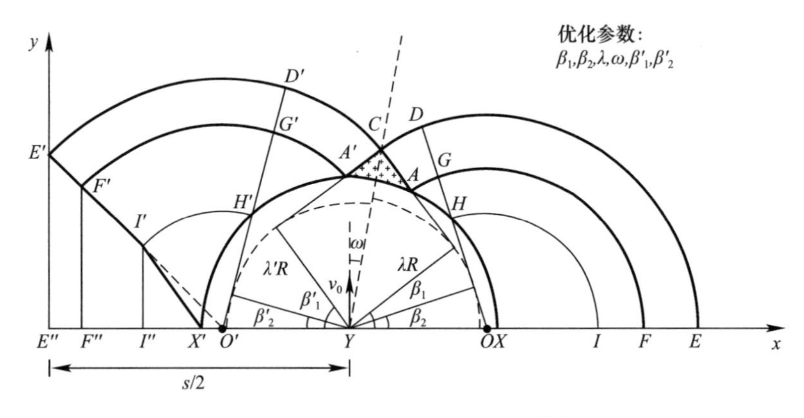

图 3-1　第一类双桩破坏模式[120]

当桩间距很小时，如图 3-2 所示的第二类破坏模式将成为主导。这种破坏模式本质上是对 Martin 和 Randolph[115]提出单桩破坏模式的简化，该破坏模式中刚性区域（即两个桩之间的区域）比单桩模式中的刚性区大得多。以上两种破坏模式中速度场和内能耗散率表达式的推导过程在此不再赘述，具体可见论文（Georgiadis 等人[120]）。

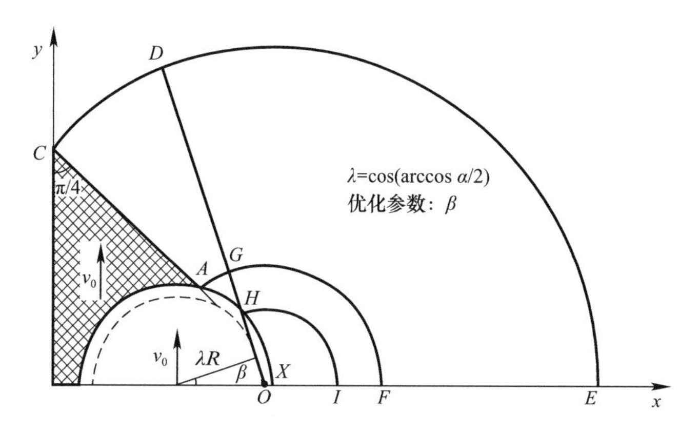

图 3-2　第二类双桩破坏模式[120]

3.2.2　水平受荷排桩基础破坏模式分析

Georgiadis 等人[111]关于水平受荷排桩基础同样构建了两种破坏模式。图 3-3 给出了第一类破坏模式，该破坏模式的几何特征关于两个坐标轴均对称，因此仅显示了完整破坏模式的 1/4。第一类破坏模式由刚性区 EFI、剪切扇区 EFG 和 $GACE$、塑性区 ACB 和 AHB 以及围绕 O 点旋转的刚性区 $ECBD$ 组成。上述区域由速度或应变非连续边界划分开来，其中速度非连续边界上会发生速度方向的变化，而应变非连续边界上速度矢量呈现平顺过渡，不发生速度矢量的跳跃。该破坏模式内各区域的速度场表达式可通过分析塑性区 ACB 和 AHB 边界上的速度和相容性关系顺次求得。

塑性区 ACB 和 AHB 在局部坐标系下的边界速度如图 3-4 所示。速度非连续边界 AC 和 BC 上的法向速度对应区域 $GACE$ 和 $ECBD$ 内的速度场边值。为了满足速度非连续边界 AC 和 BC 上的相容条件，塑性区 ACB 中的速度场必须沿着非连续边界方向给出相同的法向速度，且速度场必须在整个区域上连续且是单值。区域 AHB 中的速度场应同时满足对称平面 AH 上的相容条件和零体积应变条件，以及应变非连续边界 AB 上速度边界条件。其中，应变非连续边界 AB 上速度可通过塑性区 ACB 内的速度场表达式在边界上的矢量相加得到。

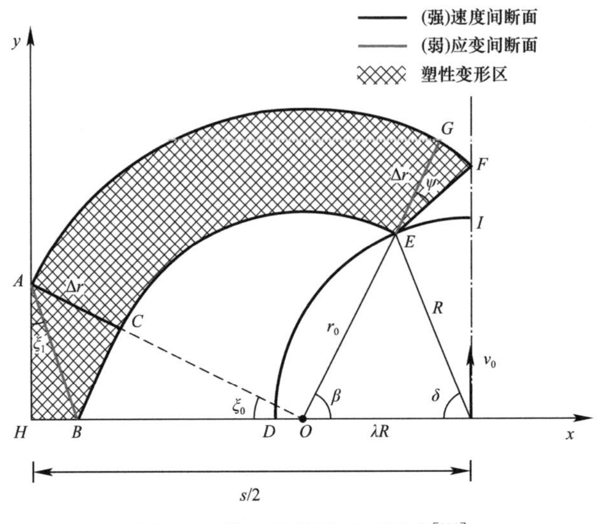

图 3-3　第一类排桩破坏模式[111]

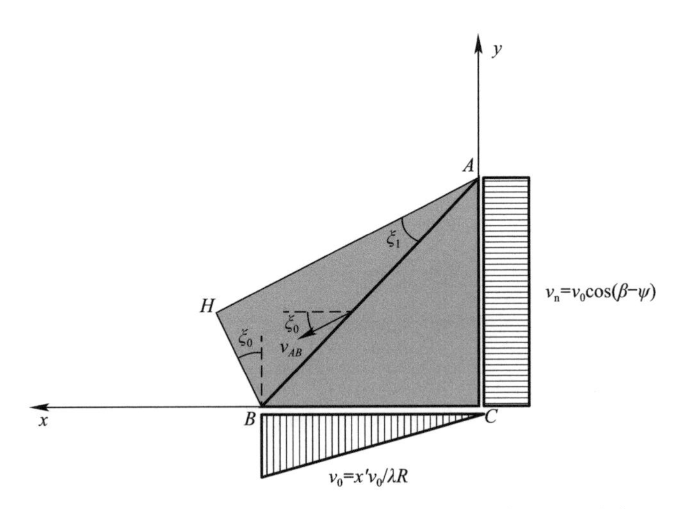

图 3-4　第一类破坏模式中 ACB 和 AHB 区域的边界速度

当桩间距很小时，如图 3-5 所示的第二类破坏模式将成为主导。该破坏模式由一个平行于 y 轴移动的刚性区 ABC、四个塑性区（$CDEFGA$，$AGFIH$，$FII'F'$ 和 IXI'）、一个刚性旋转区 HIX 和一个朝 y 轴负方向移动的刚性区 $EFF'E'$ 组成。该破坏模式中速度场和内能耗散率表达式与 Georgiadis 等人[120]提出的第一类双桩破坏模式相似，在此不再赘述，具体可见论文（Georgiadis 等人）[111]。

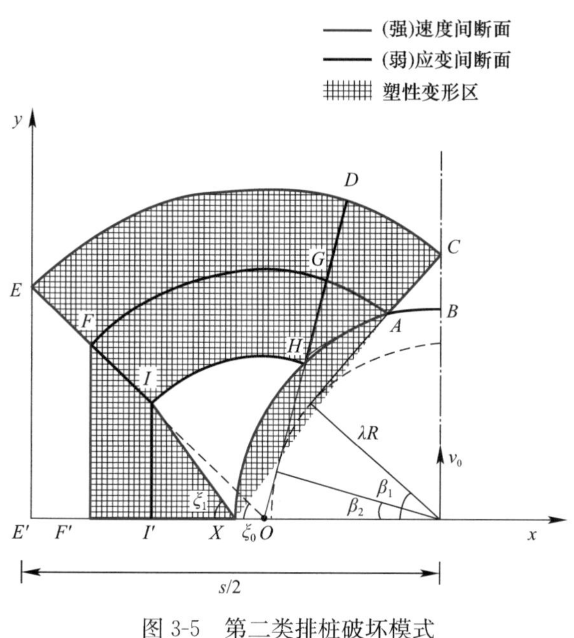

图 3-5　第二类排桩破坏模式

3.3　水平受荷三桩基础深层土体抗力极限分析上限解法

根据极限分析上限理论的描述，获得极限荷载的最小理论上限解需要建立一个有效合理的运动许可速度场，而这样一个速度场需要同时满足极限荷载问题的边界条件和材料的塑性流动法则。本节中运动许可速度场的构建充分借鉴了 Georgiadis 等人[111,120]研究二维双桩、排桩水平极限承载力时的思路。

3.3.1　水平受荷三桩基础破坏模式的构建思路

水平受荷三桩基础破坏模式的构建思路如下：首先通过位移有限元方法模拟三桩基础水平受荷问题，观察其达到极限状态时的土体位移增量云图，结合极限分析上限理论建立满足理论要求且真实合理的理论破坏模式。据此，本节将分别建立两种适用于不同桩间距条件的三桩基础破坏模式（小桩间距破坏模式和大桩间距破坏模式）。每个破坏模式中各区域的几何特征都由一套几何优化参数决定，而三桩基础的极限承载力的上限解则需要通过优化这套参数获得。

图 3-6 呈现了三桩基础水平极限承载力的平面应变简化分析模型，该模型应满足以下三个假定：

（1）桩体为完全刚性，只考虑土体的塑性流动破坏而不考虑桩身的破坏。

（2）三根桩由刚性桩帽连接，在外荷载作用下位移矢量相同。

（3）土体是弹性—完全塑性并满足 Tresca 屈服准则的材料且不排水。

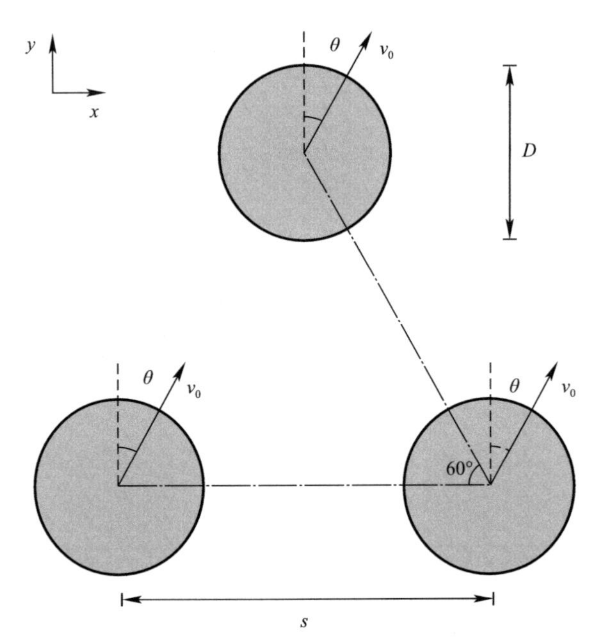

图 3-6　三桩基础受水平荷载作用的二维模型

另外需要说明的一点是，由于该模型是建立在二维平面应变条件下的，故这里得到的三桩极限土体抗力值没有考虑其随深度变化的情况。而一般认为，桩基周围土体的极限抗力在一定深度范围内是增加的，到某一临界深度达到最大值。而该二维模型对应的就是该最大值的大小。该分析模型中包含了无限空间的土体介质以及三根无限长桩，三根桩的布置形式为正三角形，如图 3-6 所示，图中 D 表示桩径，s 表示桩间距，v_0 表示桩的移动速率，而 θ 表示桩的运动方向与 y 轴正方向的夹角。

3.3.2　位移有限元分析对水平受荷三桩破坏模式的预估

为了建立有效合理的运动许可速度场（理论破坏模式），将首先通过有限元软件 Plaxis 2D Version 8[138] 对水平受荷三桩基础—土体的破坏模式进行预估。需要说明的是，这里忽略了荷载作用方向对承载力的影响，仅考虑了外荷载方向沿 y 轴正方向（$\theta=0$）的情况。此时，由于桩—土模型的几何和受力特征都是关于 y 轴对称的，因此选择建立轴对称有限元模型对该问题进行模拟，这将大大减少模型网格的数量，从而有效地提高计算效率。在图 3-7 的有限元模型中，左边界对应了桩—土模型的对称轴，故该边界上的法向位移约束为零而切向位移自由；其他三个边界在两个方向上的位移均约束为零。为了避免边界效应对模拟结果的影响，除左边界以外的三个边界均设置在远离三桩基础中心点 15 倍桩径的位置。整个桩—土有限元模型中共包含 4000 个 15 节点的三角形单元。桩与土的材料参数与 Georgiadis 等人[120] 在文中给出的相同，见表 3-1。由于桩与土的接触面可能是光滑的也可能是粗糙的，因此在有限元模拟当中，该接触面上的剪切强度通过桩—土黏结系数 α 与周围土体的不排水强度 s_u 的乘积来表达。需要说明的是，本小节中的主要目标是为了通过预估三桩基础—土体的破坏模式，为下文运动许可速度场的建立提供一些直观的参考，因此在这里将只讨论桩—土黏结系数 $\alpha=1$ 的情况。另外，本小节中有限元分析是位移控制

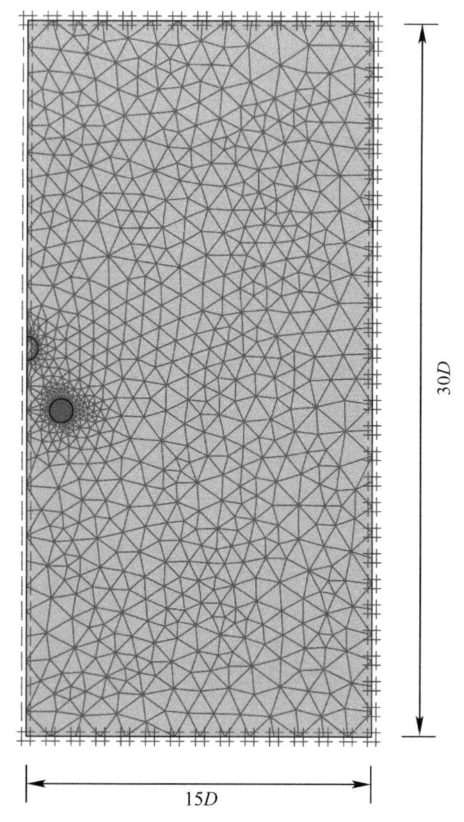

图 3-7　三桩基础轴对称模型的有限元网格

的，所以需要在桩周施加一个预设的位移量并时刻保持三根桩的位移协调，直到其达到极限破坏状态。

土和桩的材料参数(Georgiadis 等人[120]) **表 3-1**

材料参数	取值
土的不排水强度 s_u(kPa)	100
土体的杨氏模量 E_u(kPa)	2×10^4
土体的泊松比 ν_u	0.495
桩的杨氏模量 E_p(kPa)	2.9×10^7
桩的泊松比 ν_p	0.1

图 3-8 分别展示了两类不同标准化桩间距条件（s/D=1.2 和 3）下三桩基础周围土体的位移增量云图。首先，图 3-8(*a*) 对应了标准化桩间距很小的情况（例如 s/D=1.2)，此时位移增量云图所反映的破坏模式与之前众多学者（Randolph & Houlsby[112]，Christensen & Niewald[114]，Martin & Randolph[115] 等）构建的单桩破坏模式十分相似，尤其是基础外围扇形滑动区的特征，与单桩破坏模式[112]塑性区的特征相一致。两者主要的差别在于破坏模式中心的刚性区的大小：在单桩破坏模式中，中部的刚性区主要来源于桩本身，而对于三桩基础而言，由于三根桩离得很近带动了夹在中间的土体一起做刚性运动，因而形成了大片的中央刚性区，如图 3-8(*a*) 所示。图 3-8(*b*) 对应了标准化桩间距更大的情况（例如 s/D=3)，此时的破坏模式相较小间距情况更为复杂。中部被桩围住的土体不再与三根桩一起形成一个完整的刚体区，相反，该部分土体内形成了多个不同流动特征的塑性区。同时三桩基础对外围土体的影响范围更广，带动土体的体积量也更大，形成的扇形滑动区的面积也更大。结合本小节数值分析得到的位移增量云图，下面将分别建立适用不同桩间距条件下的理论破坏模式。

3.3.3 小桩间距三桩破坏模式（A）

第一类小桩间距破坏模式（图 3-9）的建立结合了数值分析的结果，同时借鉴了 Martin 和 Randolph[115] 于 2006 年提出的单桩水平受荷破坏模式的构建思路。从图 3-9 中可以看出，中部刚性区 $CAHJH'A'C'$ 的建立对应了数值分析中观察到的结果，其速度矢量与桩的速度矢量相同。另外，该破坏模式内还包含了一个绕 O 点转动的刚体（$HIH'J$）以及若干的塑性流动区（$CDEFGA$，$AGFIH$，$A'H'IF$ 和 $C'EFA'$）。

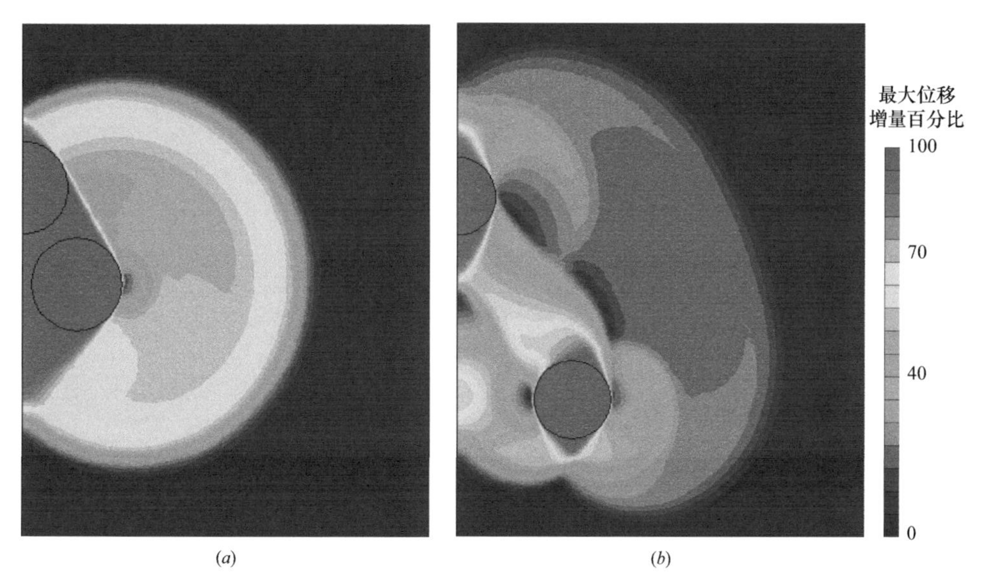

图 3-8　三桩基础（$\alpha=1$）周围土体破坏时的位移增量云图

（a）$s/D=1.2$；（b）$s/D=3$

该破坏模式的几何特征由两个优化参数：角度 β 和比值 λ_0 决定。其中，β 表示线段 DH 与坐标轴 y 轴的夹角，而 λ_0 表示图中辅助圆内径与桩径的比值（图 3-9）。此外，非连续边界线 AC 与 y 轴的夹角 ψ 可以通过下式计算得到：

$$\psi=\frac{\pi}{6}-\arcsin\left[\frac{(1-\lambda_0)R}{s}\right] \tag{3-1}$$

其中 R 代表桩的半径。

值得注意的是，在此建立的破坏模式（A）的速度场特征是关于 y 轴对称且关于 x 轴反对称的（速度矢量关于 x 轴大小相同方向相反），因此仅考虑整个模型的 1/4（直角坐标系的第一象限）即可了解整个模型的破坏特征。

依据图 3-9 中所示的关系，主要塑性流动区内的速度场 v 以及相邻速度非连续边界线上的速度变化 Δv 如下式所示（假设桩的运动速度为 v_0）：

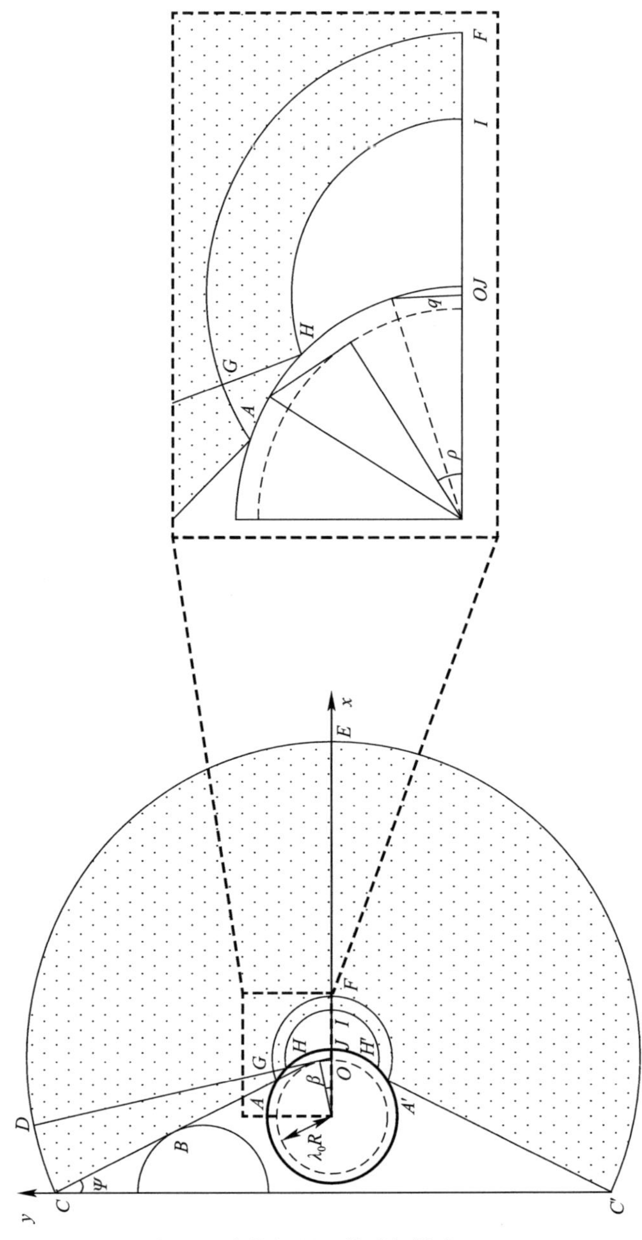

图 3-9　小桩间距三桩破坏模式（A）

塑性区 $CDEFGA$—速度非连续边界线 AC、CD 和 DE

$$v_{CDEFGA}=v_0\sin\psi \tag{3-2a}$$

$$\Delta v_{AC}=v_0\cos\psi \tag{3-2b}$$

$$\Delta v_{CD}=\Delta v_{DE}=v_0\sin\psi \tag{3-2c}$$

塑性区 $AGFIH$—速度非连续边界线 AH、AG 和 GF

$$v_{AGFIH}=v_0\frac{\sin(\rho+\arccos\lambda_0)}{\lambda_0} \tag{3-3a}$$

$$\Delta v_{AH}=v_0\frac{\cos\rho}{\lambda_0} \tag{3-3b}$$

$$\Delta v_{AG}=\Delta v_{GF}=v_0\left[\frac{\sin(\psi+\arccos\lambda_0)}{\lambda}-\sin\psi\right] \tag{3-3c}$$

刚性区 HIJ—速度非连续边界线 HJ

$$v_{HIJ}=v_0\frac{\cos\beta}{\lambda_0 R}q \tag{3-4a}$$

$$\Delta v_{HJ}=v_0\frac{\cos\beta}{\lambda_0} \tag{3-4b}$$

小桩间距三桩破坏模式（A）中内能耗散率的计算：

该破坏模式内的内力做功（内部能量耗散）主要发生在速度（位移）非连续边界上以及塑性变形区内，刚性区内不产生内能耗散。因此内能耗散率计算公式如下：

$$\dot{D}_i=\dot{D}_{\mathrm{d}}+\dot{D}_{\mathrm{r}} \tag{3-5a}$$

$$\dot{D}_{\mathrm{d}}=\tau_{\mathrm{f}}\int_L|\Delta v|\,\mathrm{d}L \tag{3-5b}$$

$$\dot{D}_{\mathrm{r}}=s_{\mathrm{u}}\iint_A|\dot{\varepsilon}_{ij}|\,\mathrm{d}A \tag{3-5c}$$

式中　$\dot{D}_i$——破坏模式内总的内能耗散率；

$\dot{D}_{\mathrm{d}}$、$\dot{D}_{\mathrm{r}}$——发生在速度非连续边界上和塑性变形区内的内能耗散率；

$\dot{\varepsilon}_{ij}$——土体的剪切应变率；

τ_{f}——速度非连续边界上的极限剪切强度，当速度非连续边界在土体内部时该值等于土体的不排水剪切强度 s_{u}，当速度非连续边界位于桩—土交界面时该值等于桩—土黏结系数与不排水剪切强度的乘积，需要说明的是，在本章内的理论模型内仅考虑了桩—土黏结系数 $\alpha=1$ 的情况。

图 3-9 所示的破坏模式（A）中，各条速度非连续边界的长度分别为：

$$L_{HJ}=R(\beta+\arccos\lambda_0) \tag{3-6a}$$

$$L_{AH}=R(\psi-\beta) \tag{3-6b}$$

$$L_{AC}=R\frac{\cos(\psi+\arccos\lambda_0)}{\sin\psi} \tag{3-6c}$$

$$L_{CD}=R(\psi-\beta)\left[\frac{\cos(\psi+\arccos\lambda_0)}{\sin\psi}+\sin(\arccos\lambda_0)+\frac{\lambda_0}{2}(\psi-\beta)\right] \tag{3-6d}$$

$$L_{AG}=R(\psi-\beta)\left[\sin(\arccos\lambda_0)+\frac{\lambda_0}{2}(\psi-\beta)\right] \tag{3-6e}$$

$$L_{GF}=R\left(\frac{\pi}{2}+\beta\right)[\lambda_0(\psi-\beta+\tan\beta)+\sin(\arccos\lambda_0)] \tag{3-6f}$$

$$L_{DE}=\left(\frac{\pi}{2}+\beta\right)L_{CA}+L_{GF} \tag{3-6g}$$

将式（3-2）、式（3-3）、式（3-4）和式（3-6）代入到式（3-5b）中，可以得到在速度非连续边界上产生的内能耗散率的表达式：

$$\dot{D}_{\mathrm{d}}=s_{\mathrm{u}}\left\{L_{HJ}\Delta v_{HJ}+L_{AC}\Delta v_{AC}+L_{CD}\Delta v_{CD}+L_{DE}\Delta v_{DE}+L_{AG}\Delta v_{AG}+L_{GF}\Delta v_{GF}+v_0R\frac{\sin\psi-\sin\beta}{\lambda_0}\right\} \tag{3-7}$$

而根据式（3-5c），各塑性变形区内产生的内能耗散率可以计算得到如下：

$$\dot{D}_{AGH}=v_0s_{\mathrm{u}}R\left\{-2\sin(\beta+\arccos\lambda_0)+\cos(\beta+\arccos\lambda_0)\tan(\arccos\lambda_0)-\cos(\psi+\arccos\lambda_0)[2(\psi-\beta)+\tan(\arccos\lambda_0)]-\frac{1}{2}\sin(\psi+\arccos\lambda_0)\times[(\psi-\beta)^2+2(\psi-\beta)\tan(\arccos\lambda_0)-4]\right\} \tag{3-8a}$$

$$\dot{D}_{CDEFGA}=v_0s_{\mathrm{u}}R\left(\frac{\pi}{2}+\psi\right)\cos(\beta+\arccos\lambda_0) \tag{3-8b}$$

$$\dot{D}_{GFIH}=v_0 s_u R\left(\frac{\pi}{2}+\beta\right)\{2[\cos(\beta+\arccos\lambda_0)-\cos(\psi+\arccos\lambda_0)] -\sin(\beta+\arccos\lambda_0)\times[\psi-\beta+\tan\beta+\tan(\arccos\lambda_0)] +\sin(\beta+\arccos\lambda_0)[\tan\beta+\tan(\arccos\lambda_0)]\} \tag{3-8c}$$

根据有限元分析中观察到的结果，上述构建的破坏模式仅能处理桩间距较小的情况，随着桩间距的不断增大，该模式逐渐变得不再适用。因此，在下一小节中，笔者将针对大桩间距的情况构建一种新的复合式破坏模式。

3.3.4　大桩间距三桩破坏模式（B）

与上述小桩间距破坏模式（A）相比，适用于桩间距较大情况下的复合式破坏模式（B）更为复杂，其几何特征由五个基本角度优化参数控制，它们分别是β_b、ε_b、ω_b、δ_b和ζ_b，如图3-10所示。其中，β_b表示线段AB与坐标轴y轴的夹角，ε_b表示线段BC与线段$C'P'$的夹角，ω_b表示线段$O'F$与坐标轴y轴的夹角，δ_b表示线段EF与射线DE夹角的锐角，而ζ_b则表示线段OD与线段OF夹角的钝角。该破坏模式由大量刚体区和若干塑性变形区（ABC、KPI、JIF、$OEFD$、$PII'H'P'$、$P'H'D'C'$和$H'EDD'$）组成，其中刚体$AA'B$、$GG'B$、$HH'I$和IFE的运动方向及速率与桩相同，另外的刚体区（$BB'GPP'$、$BCC'P'$和KIJ）的运动方向及速率则是由其相邻的速度不连续边界决定。

接下来，各区域内的速度场v以及相邻速度非连续边界线上的速度变化Δv将一一在下文中阐述。为了描述方便，笔者将进一步定义两个角度变量γ_b和χ_b，如图3-11所示。其中，角度γ_b可以由两个基本优化参数ω_b和δ_b来表示，而角度χ_b可以由ω_b和γ_b来表示，它们的关系式分别是：

$$\sin\left(\gamma_b-\omega_b+\frac{\pi}{3}\right)=\frac{\sin\gamma_b}{\sin\left(\frac{\pi}{3}-\delta_b-\omega_b\right)} \tag{3-9a}$$

$$\chi_b=\arcsin\left[\frac{(s-\sqrt{3}R)\sin\gamma_b}{2R\sin\left(\frac{\pi}{3}-\omega_b\right)}\right] \tag{3-9b}$$

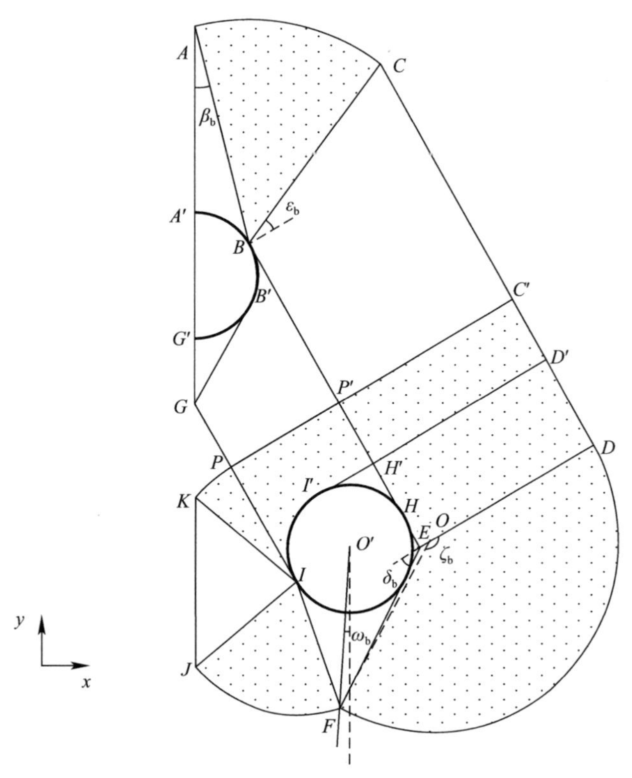

图 3-10　大桩间距三桩破坏模式（B）

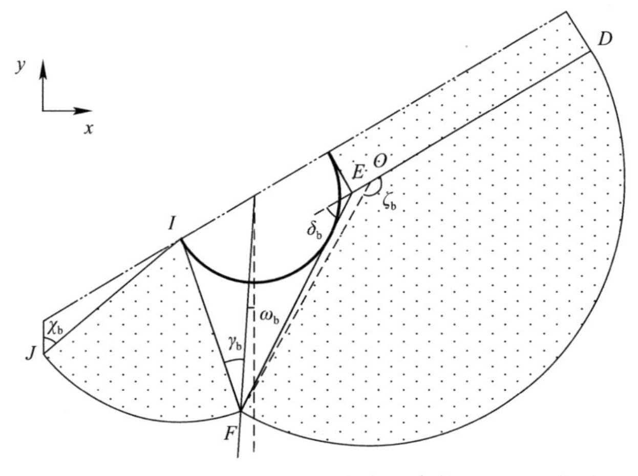

图 3-11　三桩破坏模式（B）中各角度参数之间的几何关系

扇形塑性区 $OEFD$ 内的速度场样式与 Georgiadis 等人[121]在 2012 年提出的双桩的水平破坏模式相似（图 3-12），该区域内的速度矢量是不断变化的：其方向始终与边界圆弧 DF 的外切线方向平行，其大小沿扇形区半径 q' 方向保持不变。具体的速度大小可由下式（3-10a）计算得到，更多的有关该表达式的推导过程可参照 Georgiadis 等人[121]文章中的内容，在此不再赘述。而相邻的速度非连续边界 EF 上的速度变化同样在下面给出：

$$v_{OEFD}=\left|v_0\frac{\cos\left(\delta_b+\dfrac{\pi}{6}\right)}{\cos(\delta_b+\zeta_b)}\frac{\sin\delta_b-\sin(\delta_b+\zeta_b)\cos\zeta_b}{\sin\delta_b-\sin(\delta_b+\zeta_b)\cos\zeta'}\right| \tag{3-10a}$$

$$\Delta v_{EF}=\left|v_0\frac{\sin\left(\zeta_b-\dfrac{\pi}{6}\right)}{\cos(\delta_b+\zeta_b)}\right| \tag{3-10b}$$

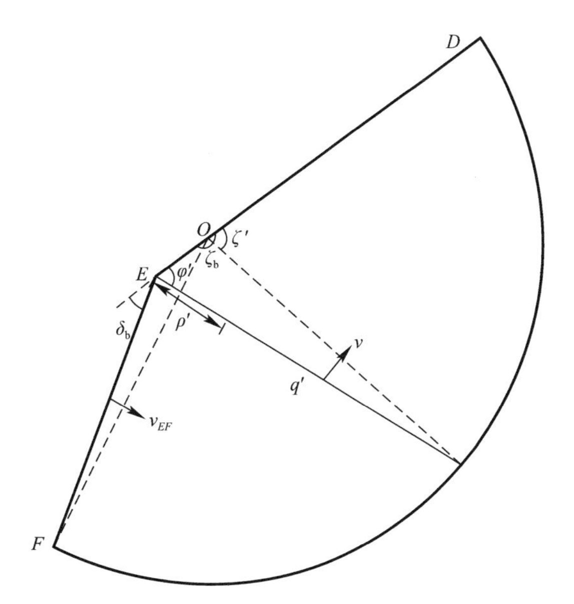

图 3-12　塑性区 $OEFD$ 内的几何关系和速度场样式

由图 3-10 可知，另外几个扇形塑性区（ABC、KPI 和 JIF）内的速度场 v 以及相邻速度非连续边界线上的速度变化 Δv 如下式所示：

扇形塑性区 ABC—速度非连续边界线 AB 和 BC

$$v_{ABC}=v_0\sin\beta_b \tag{3-11a}$$

$$\Delta v_{AB}=v_0\cos\beta_b \tag{3-11b}$$

$$\Delta v_{BC}=v_0\sin\beta_b\tan\varepsilon_b \tag{3-11c}$$

扇形塑性区 KPI 和 JIF—速度非连续边界线 IK、IJ 和 IF

$$v_{KPI}=v_{JIF}=v_0\sin(\gamma_b-\omega_b) \tag{3-12a}$$

$$\Delta v_{IK}=\Delta v_{IJ}=v_0\sin(\gamma_b-\omega_b)\cot\chi_b \tag{3-12b}$$

$$\Delta v_{IF}=v_0\cos(\gamma_b-\omega_b) \tag{3-12c}$$

图 3-13 展示了塑性流动区 $PII'H'P'$ 的速度场在局部直角坐标系（x'，y'）下的简化形式，同时也给出了在该区域各条边界上的法向速度 v_n 的大小。其中在速度非连续边界 PP' 和 IH' 上的边界法向速度是由与其相邻的刚体区 $BB'GPP'$ 以及 $HH'I$ 的速度决定的，由该区域速度场在边界上的几何相容性关系可以得到：PP' 上的边界速度矢量与刚体区 $BB'GPP'$ 的速度矢量相同，其方向和桩与桩之间的连线平行，其大小为 $v_0/\sqrt{3}$；而 IH' 上边界速度矢量的大小则为 $\sqrt{3}v_0/2$。另外，该塑性流动区的速度场还应满足区域内部的几何相容条件以及零体积应变条件，因此，在如图 3-13 所示的局部直角坐标系下，区域 $PII'H'P'$ 的速度场表达式应为：

$$v_{x'}=v_0\left\{\sin(\gamma_b-\omega_b)-\frac{\sqrt{3}\sin\gamma_b}{6R\left[\sin\left(\frac{\pi}{3}-\omega_b\right)-\sin\gamma_b\right]}x'\right\} \tag{3-13a}$$

$$v_{y'}=v_0\left\{\frac{1}{\sqrt{3}}+\frac{\sqrt{3}\sin\gamma_b}{6R\left[\sin\left(\frac{\pi}{3}-\omega_b\right)-\sin\gamma_b\right]}y'\right\} \tag{3-13b}$$

同理，也可以得到局部直角坐标系下塑性流动区 $H'EDD'$ 和 $P'H'D'C'$ 内的速度场。

塑性区 $H'EDD'$：

$$v_{x'}=v_0\left(-\frac{1}{2}+\frac{\sin\beta_b}{\sqrt{3}R\cos\varepsilon_b}x'\right) \tag{3-14a}$$

$$v_{y'}=v_0\left[-\frac{\cos\left(\delta_b+\frac{\pi}{6}\right)}{\cos(\delta_b+\zeta_b)}\frac{\sin\delta_b-\sin(\delta_b+\zeta_b)\cos\zeta_b}{\sin\delta_b-\sin(\delta_b+\zeta_b)}-\frac{\sin\beta_b}{\sqrt{3}R\cos\varepsilon_b}y'\right] \tag{3-14b}$$

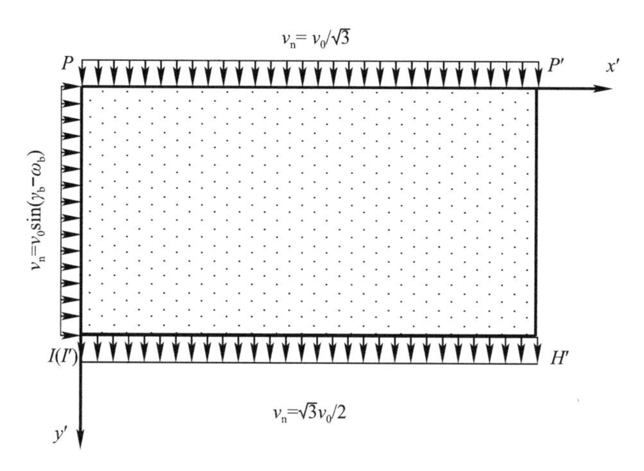

图 3-13　塑性流动区 $PII'H'P'$ 在局部直角坐标系下的几何关系和速度场样式

塑性区 $P'H'D'C'$：

$$v_{x'}=v_0\left(A-\frac{2\sin\beta_b}{\sqrt{3}R\cos\varepsilon_b}Ax'\right) \tag{3-15a}$$

$$v_{y'}=v_0\left(B+\frac{2\sin\beta_b}{\sqrt{3}R\cos\varepsilon_b}Ay'\right) \tag{3-15b}$$

其中，

$$A=\sin(\gamma_b-\omega_b)-\frac{\sin\gamma_b}{\sqrt{3}\left[\sin\left(\frac{\pi}{3}-\omega_b\right)-\sin\gamma_b\right]} \tag{3-16a}$$

$$B=-\frac{\cos\left(\delta_b+\frac{\pi}{6}\right)}{\cos(\delta_b+\zeta_b)}\frac{\sin\delta_b-\sin(\delta_b+\zeta_b)\cos\zeta_b}{\sin\delta_b-\sin(\delta_b+\zeta_b)}-\frac{\sin\beta_b}{\sqrt{3}R\cos\varepsilon_b}\left[1+\tan\left(\frac{\pi}{4}-\frac{\delta_b}{2}\right)\right] \tag{3-16b}$$

另外，刚性区 $BCC'P'$ 的运动方向与上述刚性区 $BB'GPP'$ 相反。而该刚性区的运动速率以及速度非连续边界 $C'P'$ 的长度可以用两套角度优化参数［(β_b，ε_b) 或（ω_b，δ_b，ζ_b)］来表达，从而衍生出两个控制方程（3-17），在优化计算的过程中，各优化的参数变量应始终满足这两个方程，因此最终优化的目标函数将会增加两个控制条件。

$$\frac{\sin\beta_b}{\cos\varepsilon_b}-B-\frac{2\sin\beta_b}{\sqrt{3}\cos\varepsilon_b}\left[\frac{\sin\left(\frac{\pi}{3}-\omega_b\right)-\sin\gamma_b}{\sin\gamma_b}\right]A=0 \tag{3-17a}$$

$$\frac{\sqrt{3}\cos\varepsilon_b}{2\sin\beta_b}-\frac{\sin\delta_b-\sin(\delta_b+\zeta_b)}{\sin\zeta_b}\left[\tan\left(\frac{\pi}{4}-\frac{\delta_b}{2}\right)+\tan\left(\delta_b+\omega_b+\frac{\pi}{6}\right)\right]=0 \tag{3-17b}$$

大桩间距三桩破坏模式（B）中内能耗散率的计算：

与破坏模式（A）一样，该破坏模式内的内能耗散同样分为两部分：在速度非连续边界上的能量耗散和在塑性变形区内的能量耗散。接下来笔者将对此分别给出解答。

破坏模式（B）中各条速度非连续边界（图 3-10）的长度分别为：

$$L_{AB}=L_{BC}=\frac{\sqrt{3}}{2\sin\beta_b}R \tag{3-18a}$$

$$L_{AC}=\frac{\sqrt{3}}{2\sin\beta_b}\left(\beta_b+\frac{\pi}{3}-\varepsilon_b\right)R \tag{3-18b}$$

$$L_{BG}=\frac{4}{\sqrt{3}}R \tag{3-18c}$$

$$L_{BP'}=s-\frac{\sin\left(\frac{\pi}{3}-\omega_b\right)}{\sin\gamma_b}R \tag{3-18d}$$

$$L_{CC'}=s-\left[\frac{\sin\left(\frac{\pi}{3}-\omega_b\right)}{\sin\gamma_b}-\frac{\sqrt{3}\sin\varepsilon_b}{2\sin\beta_b}\right]R \tag{3-18e}$$

$$L_{GP}=s-\left[\frac{\sin\left(\frac{\pi}{3}-\omega_b\right)}{\sin\gamma_b}+\sqrt{3}\right]R \tag{3-18f}$$

$$L_{P'H'}=L_{C'D'}=\left[\frac{\sin\left(\frac{\pi}{3}-\omega_b\right)-\sin\gamma_b}{\sin\gamma_b}\right]R \tag{3-18g}$$

$$L_{H'E}=L_{D'D}=\left[1+\tan\left(\frac{\pi}{4}-\frac{\delta_b}{2}\right)\right]R \tag{3-18h}$$

$$L_{C'P'}=L_{D'H'}=L_{DE}=\frac{\sqrt{3}\cos\varepsilon_{\mathrm{b}}}{2\sin\beta_{\mathrm{b}}}R \tag{3-18i}$$

$$L_{EF}=\left[\tan\left(\frac{\pi}{4}-\frac{\delta_{\mathrm{b}}}{2}\right)+\tan\left(\delta_{\mathrm{b}}+\omega_{\mathrm{b}}+\frac{\pi}{6}\right)\right]R \tag{3-18j}$$

$$L_{IF}=L_{IJ}=L_{IK}=\frac{\sin\left(\frac{\pi}{3}-\omega_{\mathrm{b}}\right)}{\sin\gamma_{\mathrm{b}}}R \tag{3-18k}$$

$$L_{FJ}=\frac{\sin\left(\frac{\pi}{3}-\omega_{\mathrm{b}}\right)}{\sin\gamma_{\mathrm{b}}}(\chi_{\mathrm{b}}+\gamma_{\mathrm{b}}-\omega_{\mathrm{b}})R \tag{3-18l}$$

$$L_{PK}=L_{FJ}\frac{\chi_{\mathrm{b}}-\frac{\pi}{6}}{\chi_{\mathrm{b}}+\gamma_{\mathrm{b}}-\omega_{\mathrm{b}}} \tag{3-18m}$$

由于在这些速度非连续边界上的相对速度 Δv 在之前已经给出，因此破坏模式（B）在速度非连续边界上产生的内部能量耗散可以通过式（3-5b）计算得到。

另外，各塑性流动区内产生的内能耗散率可通过以下公式计算得到：

扇形滑动区 ABC、IFJ 和 IKP：

$$\dot{D}_{ABC}=\frac{\sqrt{3}}{2}s_{\mathrm{u}}v_0R\left(\beta_{\mathrm{b}}+\frac{\pi}{3}-\varepsilon_{\mathrm{b}}\right) \tag{3-19a}$$

$$\dot{D}_{IFJ}=s_{\mathrm{u}}v_0R\sin(\gamma_{\mathrm{b}}-\omega_{\mathrm{b}})\sin\left(\frac{\pi}{3}-\omega_{\mathrm{b}}\right)\frac{\chi_{\mathrm{b}}+\gamma_{\mathrm{b}}-\omega_{\mathrm{b}}}{\sin\gamma_{\mathrm{b}}} \tag{3-19b}$$

$$\dot{D}_{IKP}=\dot{D}_{IFJ}\frac{\chi_{\mathrm{b}}-\frac{\pi}{6}}{\chi_{\mathrm{b}}+\gamma_{\mathrm{b}}-\omega_{\mathrm{b}}} \tag{3-19c}$$

塑性变形区 $OEFD$：

在极坐标（ρ'，φ'）（图 3-12）下，该区域内的剪切应变率表达式为：

$$\dot{\gamma}_{OEFD}=\frac{v_{OEFD}\cos(\zeta'-\varphi')}{\rho'}-\frac{1}{\rho'}\frac{\partial[v_{OEFD}\sin(\zeta'-\varphi')]}{\partial\varphi'} \tag{3-20}$$

由几何关系可知，式（3-20）中变量 φ' 和 ζ' 的关系为：

$$\varphi'=\arccos\frac{M_0+O\cos\zeta'}{q'}=\arccos N \tag{3-21}$$

其中，

$$O=R\frac{\sin\delta_b}{\sin\zeta_b}\left[\tan\left(\frac{\pi}{4}-\frac{\delta_b}{2}\right)+\tan\left(\delta_b+\frac{\pi}{6}+\omega_b\right)\right] \tag{3-22a}$$

$$M_0=\frac{-\sin(\zeta_b+\delta_b)}{\sin\delta_b}O \tag{3-22b}$$

$$q'=\sqrt{O^2+M_0^2+2OM_0\cos\zeta'} \tag{3-22c}$$

对式（3-21）等式两边求微分，可得

$$d\varphi'=\frac{1}{\sqrt{1-N^2}}\left[\frac{O\sin\zeta'(M_0^2+M_0O\cos\zeta'-q'^2)}{q'^3}\right]d\zeta' \tag{3-23}$$

而塑性区 $OEFD$ 内能耗散率的表达式为：

$$\dot{D}_{OEFD}=s_u\iint\dot{\gamma}_{OEFD}\rho'd\rho'd\varphi' \tag{3-24}$$

将式（3-20）和式（3-23）代入到上式中，可得该区域内最终的内能耗散公式：

$$\begin{aligned}\dot{D}_{OEFD}=s_u v_{OEFD}\int_0^{\zeta}\int_0^{r'}&\left\{\frac{2}{\sqrt{1-N^2}}\left[\frac{O\sin\zeta'(M_0^2+M_0O\cos\zeta'-q'^2)}{q'^3}\right]-1\right\}\\&\times\cos(\zeta'-\arccos N)+\frac{\sin(\delta_b+\zeta_b)\sin\zeta'}{\sin\delta_b-\sin(\delta_b+\zeta_b)\cos\zeta'}\\&\sin(\zeta'-\arccos N)d\rho'd\zeta'\end{aligned} \tag{3-25}$$

值得注意的是，由于式（3-25）内的被积函数较为复杂，其原函数难以求得，故其最终结果通过数值积分得到。

3.3.5 三桩基础水平极限荷载的计算

为桩基的水平极限承载力问题研究的统一和标准化，学者们通常引入一个水平极限土体抗力系数 N_p 的概念：

$$N_p=\frac{p_u}{s_uD} \tag{3-26}$$

式中 p_u——每单位桩长桩基的水平极限土体抗力值；

s_u——不排水条件下的土体剪切强度；

D——桩径。

由极限分析上限理论可知，对于任意合理的运动许可速度场，其外荷载做功功率总是小于或等于内能耗散率［如式（3-27a）］。又因为在该三桩的二维平面应变问题中，作用在桩上的水平力是唯一的外荷载，故水平极限土体抗力系数 N_p 的计算公式可改写如下：

$$\dot{W}_e=\min(\dot{D}_i)\leqslant\dot{D}_i \tag{3-27a}$$

$$N_p=\frac{\dot{W}_e}{nv_0s_uD}=\frac{\min(\dot{D}_i)}{nv_0s_uD} \tag{3-27b}$$

式中　$\dot{W}_e$——作用在桩上外荷载的做功功率；

n——桩的数量。

另外需要注意的一点是，为了便于与单桩的承载力系数进行比较，因此本书中所涉及对应多桩基础的承载力系数 N_p 实际上代表的是桩群的平均承载力系数，即需要总的承载力系数除以桩的数量得到。对于本节的研究对象三桩基础而言，则需要除以 $3(n=3)$。

3.4　水平受荷四桩基础深层土体抗力的极限分析上限解法

水平受荷四桩基础的二维破坏模式的构建思路与水平受荷的三桩基础破坏模式的构建思路相同：首先通过位移有限元分析模拟出四桩基础达到极限状态时周围土体的位移增量云图，以此为参考，结合极限分析上限理论的要求构建出合理有效的速度场。根据该研究思路，本小节将分别建立三种适用于不同桩间距条件下的四桩基础破坏模式（小桩间距破坏模式、中桩间距破坏模式和大桩间距破坏模式）。每个模式的几何特征都将在下文中一一阐述，而四桩基础的极限土体抗力的理论上限解则通过优化给定的几何参数获得。

3.4.1　水平受荷四桩基础破坏模式的分析模型

图 3-14 展示了分析四桩基础水平极限承载力的平面应变简化模型，在该二维分析模型中四桩基础被简化为四根无限长桩，且桩群的布置形式为正方形，而

周围土体被认为是无限空间内的弹塑性介质。其中 D 表示桩径，s 表示桩间距，v_0 表示桩的移动速率，而 θ 表示桩的运动方向与 y 轴正方向的夹角。

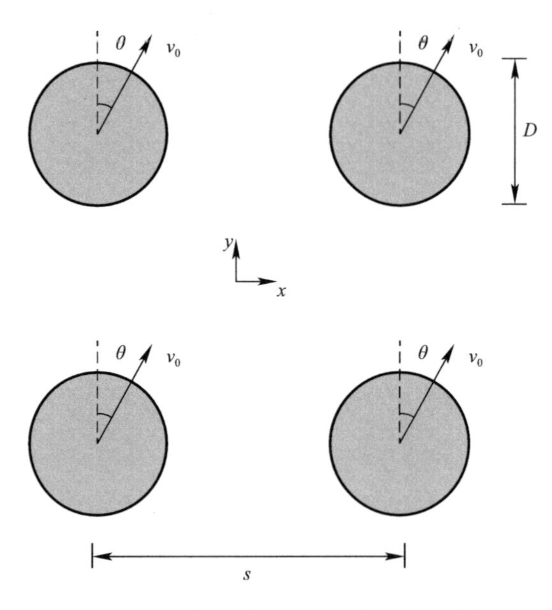

图 3-14　四桩基础受水平荷载作用的二维模型

3.4.2　位移有限元分析对水平受荷四桩破坏模式的预估

该部分位移有限元分析对破坏模式的预估同样也是基于有限元软件 Plaxis 2D 开展的。首先，在不考虑荷载作用方向对承载力影响（$\theta=0$）的前提下，建立了如图 3-15 所示的轴对称有限元模型。

该轴对称模型的尺寸为 $10D\times20D$，其中共包含了 2300 多个 15 节点的三角形单元，除了模型左边界的切向位移自由（模拟轴对称面）以外，其他三个边界在法向和切向方向上的位移均为零。另外，在有限元模型中桩体被模拟成一种弹性模量很大的线弹性材料，而土体介质则被模拟成弹性—完全塑性的 Tresca 材料，它们的参数取值同样见表 3-1。又因为土体被认为是满足 Tresca 屈服准则的材料介质，则其剪切强度与正应力值的大小无关，因此模型中的初始应力设置为零。另外，为了描述桩—土接触单元的剪切强度值，同样通过桩—土黏结系数 α 来定义。

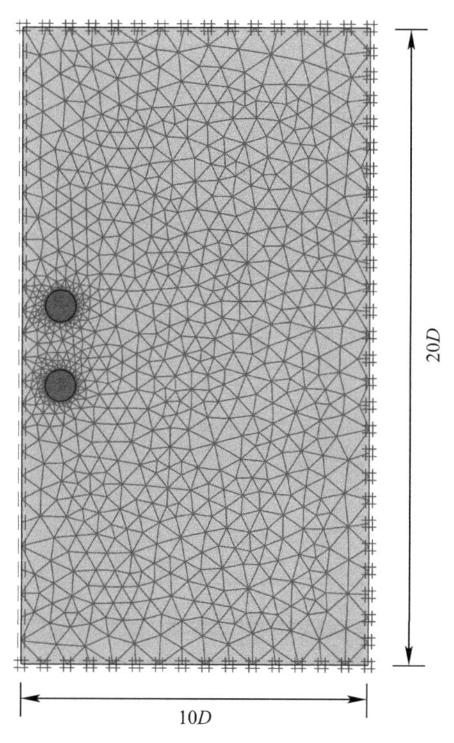

图 3-15　四桩基础轴对称模型的有限元网格

在进行位移有限元分析时，需要在桩周预设一个足够大的位移量，使四桩基础周围的土体完全进入塑性流动状态，此时对应的土体位移增量图就可以表示四桩基础—土体的破坏模式。以桩—土黏结系数 $\alpha=1$ 为例，图 3-16 分别呈现了三类在不同标准化桩间距条件（$s/D=1.4$、2.5 和 4）下四桩基础—土体轴对称模型的位移增量云图。首先，图 3-16(a) 对应了标准化桩间距较小的情况（例如：$s/D=1.4$），此时土体的位移增量云图所反映的破坏模式在一些特征上与三桩基础的小桩间距破坏模式类似，例如：形成了由桩群夹带土体运动的中央刚性区，同样在基础外围形成了与单桩破坏模式[112]相似的扇形滑动区等。两者最大的不同之处在于四桩基础对应的中央刚性区的形状是六边形而三桩基础对应的中央刚性区是菱形，这是与桩群的布置形式有关的。图 3-16(b) 对应了标准化桩间距稍微增大一点的情况（例如：$s/D=2.5$），此时沿运动方向上的两列桩分别带动中间土体形成了两个条形的刚体区，而位于基础中央的土体则形成了一个规则的六边形塑性区，同时基础外围的土体依然与图 3-16(*a*) 一样形成了完整的扇形塑性滑动区。图 3-16(*c*) 则对应了标准化桩间距更大的情况（例如：$s/D=4$），可以明显看出此时桩与桩之间不再形成完整的刚性区，并且基础外围的土体也不再出现从桩到桩的整体扇形滑动区，而是形成了围绕在各根桩周围的局部塑性滑动区。下面基于以上数值模拟结果得到的土体位移增量云图（破坏模式），将针对不同桩间距大小的四桩基础分别建立不同的运动许可速度场（理论破坏模式）。

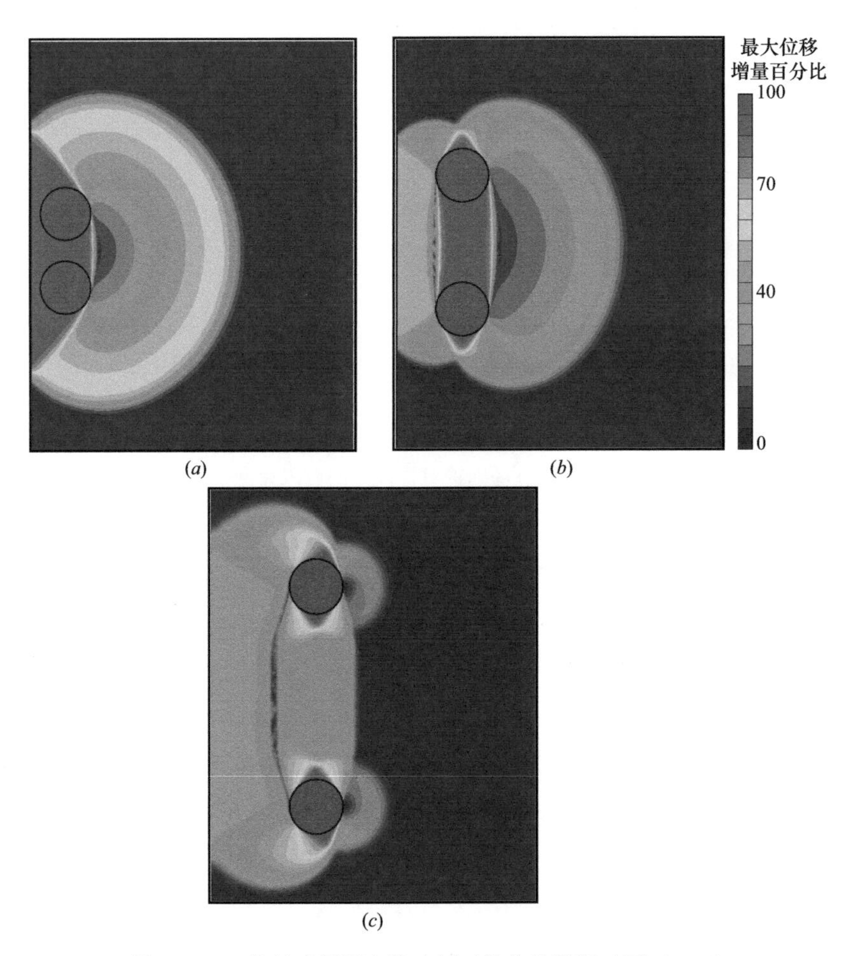

图 3-16　四桩基础周围土体破坏时的位移增量云图（$\alpha=1$）

(*a*) $s/D=1.4$；(*b*) $s/D=2.5$；(*c*) $s/D=4$

3.4.3　小桩间距四桩破坏模式（A）

基于图3-16(a)对小桩间距条件下四桩基础—土体破坏模式的预估，同时结合了Martin和Randolph[115]和Georgiadis等人[120]建立平面应变条件下桩—土破坏模式的思路，小桩间距破坏模式（A）的构建如图3-17所示。这里需要说明的一点是，由于构建的小桩间距破坏模式（A）的几何特征关于x轴和y轴都是对称的，而且其速度场也是关于y轴正对称而关于x轴反对称的，因此仅考虑整个破坏模式的1/4即可，下文两个破坏模式（中间距和大间距四桩破坏模式）亦同。

该破坏模式中包含了一个中央刚性区$COKJHA$、一个外围刚性区$FMNE$、一个转动刚性区HIJ以及多个扇形塑性区（$ACDEFG$和$AGFIH$）和矩形塑性区（$JILK$和$IFML$）。其中，刚性区$COKJHA$的运动速度和运动方向都与桩体的运动速度与方向保持一致。而刚性区$FMNE$的运动方向则与桩体和刚性区$COKJHA$的运动方向相反，其运动速度与塑性区$ACDEFG$相同。转动刚体区HIJ则是以点O为转动中心，该区域内每一点的线速度则由速度非连续边界HJ上的速度变化控制。扇形塑性区$ACDEFG$以及$AGFIH$内的速度大小分别由速度非连续边界CA和AH上的速度变化控制，其速度方向也是与刚体HIJ一样以点O为转动中心的。而矩形塑性区$JILK$和$IFML$内的速度场则与刚体HIJ和扇形塑性区$ACDEFG$的速度场直接相关。另外，破坏模式中速度非连续边界AC与y轴的夹角也是固定的，根据对图3-16(a)中位移增量云图的观察，可将该角度固定为45°。

从图3-17中可以看出，小桩间距破坏模式（A）的几何特征由以下两个优化参数控制：角度β和比值λ_0。其中，β表示线段DH与坐标轴y轴的夹角，而λ_0表示图中辅助圆内径与桩径的比值。根据图3-18所示的破坏模式（A）中各参数之间的关系可知，主要刚性区和塑性区内的速度场v以及相邻速度非连续边界线上的速度变化Δv可由下式计算得到（假设桩的运动速度为v_0）：

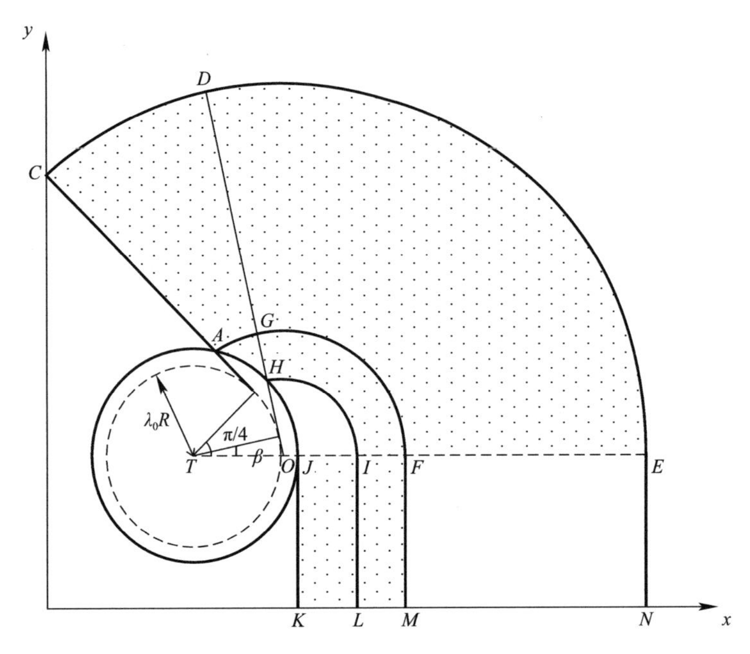

图 3-17　小桩间距四桩破坏模式（A）

塑性区 $ACDEFG$ 和刚性区 $FMNE$—速度非连续边界线 AC、CD、DE 和 EN

$$v_{ACDEFG}=v_{FMNE}=v_0\sin\frac{\pi}{4} \tag{3-28a}$$

$$\Delta v_{AC}=v_0\cos\frac{\pi}{4} \tag{3-28b}$$

$$\Delta v_{CD}=\Delta v_{DE}=\Delta v_{EN}=v_0\sin\frac{\pi}{4} \tag{3-28c}$$

塑性区 $AGFIH$—速度非连续边界线 AH、AG 和 GF

$$v_{AGFIH}=v_0\frac{\sin(\eta+\Lambda)}{\lambda_0} \tag{3-29a}$$

$$\Delta v_{AH}=v_0\frac{\cos\eta}{\lambda_0} \tag{3-29b}$$

$$\Delta v_{AG}=\Delta v_{GF}=v_0\left[\frac{\sin\left(\frac{\pi}{4}+\Lambda\right)}{\lambda_0}-\sin\frac{\pi}{4}\right] \tag{3-29c}$$

塑性区 $IFML$—速度非连续边界线 FM

$$v_{IFML}=v_0\,\frac{\sin[(d-s/2)/\lambda_0 R-\sec\beta-\tan\beta-\tan\Lambda+\beta+\Lambda]}{\lambda_0} \tag{3-30a}$$

$$\Delta v_{FM}=v_0\left\{\sin\frac{\pi}{4}-\frac{\sin(\pi/4+\Lambda)}{\lambda_0}\right\} \tag{3-30b}$$

刚性区 HIJ—速度非连续边界线 HJ

$$v_{HIJ}=v_0\,\frac{\cos\beta}{\lambda_0 R}r \tag{3-31a}$$

$$\Delta v_{HJ}=v_0\,\frac{\cos\beta}{\lambda_0} \tag{3-31b}$$

塑性区 $JILK$—速度非连续边界线 JK

$$v_{JILK}=v_0\,\frac{\cos\beta}{\lambda_0 R}\left(d-\frac{s}{2}-\frac{\lambda_0 R}{\cos\beta}\right) \tag{3-32a}$$

$$\Delta v_{JK}=v_0\,\frac{\cos\beta}{\lambda_0} \tag{3-32b}$$

其中，$\Lambda=\arccos\lambda_0$，而 $R=D/2$。

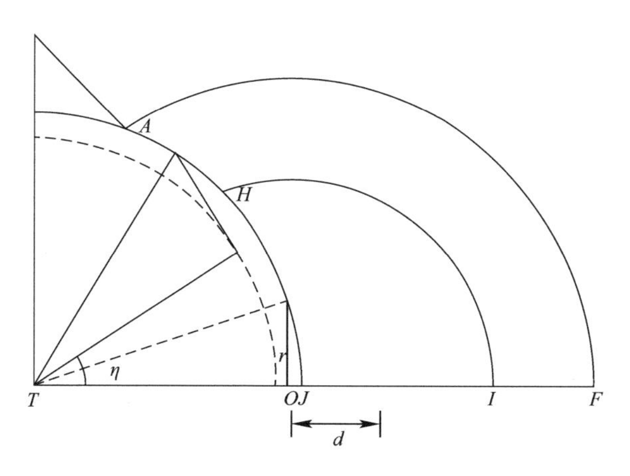

图 3-18　四桩破坏模式（A）中各参数之间的几何关系

小桩间距四桩破坏模式（A）中内能耗散率的计算：

破坏模式（A）中的内能耗散只发生在速度非连续边界上以及塑性变形区内，刚性区内是不产生内能耗散的。因此破坏模式内的内能耗散率可以通过式（3-5）计算得到，而破坏模式（A）各区域中的内能耗散率的具体计算公式将在下文中一一给出。

图 3-17 中各速度非连续边界的长度分别是：

$$L_{HJ}=R(\beta+\Lambda) \tag{3-33a}$$

$$L_{AH}=R\left(\frac{\pi}{4}-\beta\right) \tag{3-33b}$$

$$L_{AC}=R\frac{\cos\left(\frac{\pi}{4}+\Lambda\right)}{\sin\frac{\pi}{4}} \tag{3-33c}$$

$$L_{CD}=R\left(\frac{\pi}{4}-\beta\right)\left[\frac{\cos\left(\frac{\pi}{4}+\Lambda\right)}{\sin\frac{\pi}{4}}+\sin\Lambda+\frac{\lambda_0}{2}\left(\frac{\pi}{4}-\beta\right)\right] \tag{3-33d}$$

$$L_{AG}=R\left(\frac{\pi}{4}-\beta\right)\left[\sin\Lambda+\frac{\lambda_0}{2}\left(\frac{\pi}{4}-\beta\right)\right] \tag{3-33e}$$

$$L_{GF}=R\left(\frac{\pi}{2}+\beta\right)\left[\lambda_0\left(\frac{\pi}{4}-\beta+\tan\beta\right)+\sin\Lambda\right] \tag{3-33f}$$

$$L_{DE}=\left(\frac{\pi}{2}+\beta\right)L_{CA}+L_{GF} \tag{3-33g}$$

$$L_{JK}=L_{FM}=L_{EN}=\frac{s}{2} \tag{3-33h}$$

将式（3-28）～式（3-33）代入到式（3-5b）中，可以得到在速度非连续边界上产生的内能耗散率的表达式：

$$\begin{aligned}\dot{D}_{\mathrm{d}}=s_{\mathrm{u}}\Bigg\{&L_{AC}\Delta v_{AC}+L_{CD}\Delta v_{CD}+L_{DE}\Delta v_{DE}+L_{AG}\Delta v_{AG}+L_{GF}\Delta v_{GF}+L_{JK}\Delta v_{JK}\\&+L_{FM}\Delta v_{FM}+L_{EN}\Delta v_{EN}+\alpha\left(L_{HJ}\Delta v_{HJ}+v_0 R\frac{\sin\frac{\pi}{4}-\sin\beta}{\lambda_0}\right)\Bigg\}\end{aligned} \tag{3-34}$$

而破坏模式内各塑性变形区的能量耗散率的表达式为：

$$\dot{D}_{AGH}=v_0 s_u R\left\{-2\sin(\beta+\Lambda)+\cos(\beta+\Lambda)\tan\Lambda-\cos\left(\frac{\pi}{4}+\Lambda\right)\right.$$

$$\left[2\left(\frac{\pi}{4}-\beta\right)+\tan\Lambda\right]-\frac{1}{2}\sin\left(\frac{\pi}{4}+\Lambda\right)$$

$$\left.\left[\left(\frac{\pi}{4}-\beta\right)^2+2\left(\frac{\pi}{4}-\beta\right)\tan\Lambda-4\right]\right\} \tag{3-35a}$$

$$\dot{D}_{CDEFGA}=v_0 s_u R\,\frac{3\pi}{4}\cos(\beta+\Lambda) \tag{3-35b}$$

$$\dot{D}_{GFIH}=v_0 s_u R\left(\frac{\pi}{2}+\beta\right)\left\{2\left[\cos(\beta+\Lambda)-\cos\left(\frac{\pi}{4}+\Lambda\right)\right]\right.$$

$$-\sin\left(\frac{\pi}{4}+\Lambda\right)\left[\frac{\pi}{4}-\beta+\tan\beta+\tan\Lambda\right]$$

$$\left.+\sin(\beta+\Lambda)(\tan\beta+\tan\Lambda)\right\} \tag{3-35c}$$

$$\dot{D}_{JILK}=v_0 s_u\,\frac{s}{2}\cos\beta\left(\tan\beta+\sec\beta+\frac{\sin\Lambda-1}{\lambda_0}\right) \tag{3-35d}$$

$$\dot{D}_{IFML}=v_0 s_u\,\frac{s}{2\lambda_0}\left[\sin\left(\frac{\pi}{4}+\Lambda\right)-\sin(\beta+\Lambda)\right] \tag{3-35e}$$

上述构建的破坏模式（A）仅适合处理桩间距较小的四桩基础，然而随着桩间距的增大，该破坏模式将不再适用。因此，对于桩间距稍大的情况需要有新的破坏模式对其进行描述。

3.4.4　中桩间距四桩破坏模式（B）

基于图3-16(b)对中桩间距条件下四桩基础—土体破坏模式的预估，破坏模式（B）的构建如图3-19所示。与破坏模式（A）相比，该破坏模式在中部多形成了两个区域（滑动塑性区$CE'J'$和刚性区$E'N'K'J'$）。塑性区$CE'J'$内的速度方向总是平行于速度非连续边界CE'，速度大小受速度非连续边界CJ'控制并沿边界CE'的曲率半径方向保持不变。为了满足在y轴对称面上的零水平位移条件，刚性区$E'N'K'J'$的速度方向应始终平行于y轴并与桩体的移动方向相反，因此在塑性区$CE'J'$与刚性区$E'N'K'J'$的边界$E'J'$上会发生速度方向的突然改变，并发生内能的耗散。

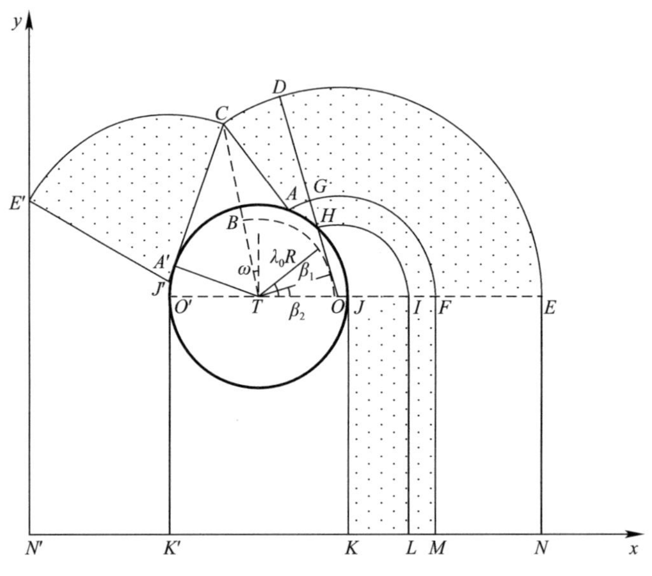

图 3-19　中桩间距四桩破坏模式（B）

从图 3-19 中可以看出，破坏模式（B）内的几何特征由四个基本优化参数定义，它们分别是角度 β_1、β_2、ω 和比值 λ_0。其中，β_1 表示线段 CA 与坐标轴 y 轴的夹角，β_2 表示线段 DH 与坐标轴 y 轴的夹角，ω 表示辅助线段 CT 与坐标轴 y 轴的夹角，而 λ_0 则表示图中虚线圆弧半径与桩半径的比值。为了描述方便，这里将进一步定义一个角度变量 β'，它是线段 $A'T$ 与辅助线段 $O'T$ 的夹角，根据几何关系可知：

$$\beta'=\arcsin\left[\frac{\sin(\beta_1-\omega)}{\lambda_0}\right]-\omega \tag{3-36}$$

破坏模式（B）中主要塑性区或刚性区内的速度场 v 以及相邻非连续边界线上的速度变化 Δv 可通过下面的公式计算得到：

塑性区 $ACDEFG$ 和刚性区 $FMNE$—速度非连续边界线 AC、CD、DE 和 EN

$$v_{ACDEFG}=v_{FMNE}=v_0\sin\beta_1 \tag{3-37a}$$

$$\Delta v_{AC}=v_0\cos\beta_1 \tag{3-37b}$$

$$\Delta v_{CD}=\Delta v_{DE}=\Delta v_{EN}=v_0\sin\beta_1 \tag{3-37c}$$

塑性区 $AGFIH$—速度非连续边界线 AH、AG 和 GF

$$v_{AGFIH}=v_0\frac{\sin(\eta+\Lambda)}{\lambda_0}\tag{3-38a}$$

$$\Delta v_{AH}=v_0\frac{\cos\eta}{\lambda_0}\tag{3-38b}$$

$$\Delta v_{AG}=\Delta v_{GF}=v_0\left[\frac{\sin(\beta_1+\Lambda)}{\lambda_0}-\sin\beta_1\right]\tag{3-38c}$$

塑性区 $IFML$—速度非连续边界线 FM

$$v_{IFML}=v_0\frac{\sin[(d-s/2)/\lambda_0R-\sec\beta_2-\tan\beta_2-\tan\Lambda+\beta_2+\Lambda]}{\lambda_0}\tag{3-39a}$$

$$\Delta v_{FM}=v_0\left[\frac{\sin(\beta_1+\Lambda)}{\lambda_0}-\sin\beta_1\right]\tag{3-39b}$$

刚性区 HIJ—速度非连续边界线 HJ

$$v_{HIJ}=v_0\frac{\cos\beta_2}{\lambda_0R}r\tag{3-40a}$$

$$\Delta v_{HJ}=v_0\frac{\cos\beta_2}{\lambda_0}\tag{3-40b}$$

塑性区 $JILK$—速度非连续边界线 JK

$$v_{JILK}=v_0\frac{\cos\beta_2}{\lambda_0R}\left(d-\frac{s}{2}-\frac{\lambda_0R}{\cos\beta_2}\right)\tag{3-41a}$$

$$\Delta v_{JK}=v_0\frac{\cos\beta_2}{\lambda_0}\tag{3-41b}$$

塑性区 $CE'J'$—速度非连续边界线 CJ'、CE' 和 $E'J'$

$$v_{CE'J'}=v_0\sin\beta'\tag{3-42a}$$

$$\Delta v_{CJ'}=v_0\cos\beta'\tag{3-42b}$$

$$\Delta v_{CE'}=v_0\sin\beta'\tag{3-42c}$$

$$\Delta v_{E'J'}=v_0\sin\beta'\tan\varepsilon\tag{3-42d}$$

刚性区 $E'N'K'J'$—速度非连续边界线 $J'K'$

$$v_{E'N'K'J'}=v_0\frac{\sin\beta'}{\cos\varepsilon}\tag{3-43a}$$

$$\Delta v_{J'K'}=v_0\left(\frac{\sin\beta'}{\cos\varepsilon}+1\right) \tag{3-43b}$$

其中，

$$\varepsilon=\arccos\left(\frac{d/2-R}{R_0}\right) \tag{3-44a}$$

$$R_0=R\tan\frac{\beta'}{2}+R\cot(\beta'+\omega) \tag{3-44b}$$

并且Λ、η、r 和 d 的定义与破坏模式（A）中的保持一致（图 3-18）。

另外从图 3-19 中可以看出，破坏模式（B）左半部分没有考虑桩—土界面上的位移不连续情况，因此只适用于桩—土界面完全粗糙的情况（$\alpha=1$）。接下来，为了考虑桩—土界面粗糙度的影响，将改进破坏模式（B）的左半部分（图 3-20）使其能够适用于桩—土黏结系数 $\alpha<1$ 的情况。第二类破坏模式（B）（即改进后的破坏模式）几何特征的描述需要增加两个角度参数 β_1' 和 β_2'，其中 β_1' 表示线段 $A'C$ 与 y 轴的夹角，而 β_2' 则表示线段 $D'H'$ 与 y 轴的夹角。另外，关于第二类破坏模式左半部分的比值 λ'（图 3-20）可根据几何关系得到，它的表达式为：

$$\lambda'=\lambda_0\frac{\sin(\beta_1'+\omega)}{\sin(\beta_1-\omega)} \tag{3-45}$$

第二类破坏模式（B）左半部分中主要塑性区或刚性区内的速度场 v 以及相邻速度非连续边界线上的速度变化 Δv 可通过下面的公式计算得到：

塑性区 $A'CD'E'F'G'$ 和刚性区 $F'M'N'E'$—速度非连续边界线 $A'C$、CD'、$D'E'$ 和 $E'F'$

$$v_{A'CD'E'F'G'}=v_{F'M'N'E'}=v_0\sin\beta_1' \tag{3-46a}$$

$$\Delta v_{A'C}=v_0\cos\beta_1' \tag{3-46b}$$

$$\Delta v_{CD'}=\Delta v_{D'E'}=v_0\sin\beta_1' \tag{3-46c}$$

$$\Delta v_{E'F'}=v_0\sin\beta_1'\tan\varepsilon_0 \tag{3-46d}$$

塑性区 $A'G'F'I'H'$—速度非连续边界线 $A'H'$、$A'G'$、$G'F'$ 和 $F'I'$

$$v_{A'G'F'I'H'}=v_0\frac{\sin(\eta'+\Lambda')}{\lambda'} \tag{3-47a}$$

$$\Delta v_{A'H'}=v_0\frac{\cos\eta'}{\lambda'} \tag{3-47b}$$

$$\Delta v_{A'G'}=\Delta v_{G'F'}=v_0\left[\frac{\sin(\beta_1'+\Lambda')}{\lambda'}-\sin\beta_1'\right] \tag{3-47c}$$

$$\Delta v_{F'I'}=v_0\frac{\sin(\eta'+\Lambda')\tan\varepsilon_0}{\lambda'} \tag{3-47d}$$

塑性区 $I'F'M'L'$—速度非连续边界线 $F'M'$

$$v_{I'F'M'L'}=v_0\frac{\sin\left[\dfrac{s/2-x}{\lambda' R\cos\varepsilon_0}-\sec\beta_2'\sec\varepsilon_0-\tan\beta_2'-\tan\Lambda'+\beta_2'+\Lambda'\right]}{\lambda'\cos\varepsilon_0} \tag{3-48a}$$

$$\Delta v_{F'M'}=\frac{v_0}{\cos\varepsilon_0}\left\{\frac{\sin(\beta_1'+\Lambda')}{\lambda'}-\sin\beta_1'\right\} \tag{3-48b}$$

刚性区 $H'I'J'$—速度非连续边界线 $H'J'$

$$v_{H'I'J'}=v_0\frac{\cos\beta_2'}{\lambda' R}r' \tag{3-49a}$$

$$\Delta v_{H'J'}=v_0\frac{\cos\beta_2'}{\lambda'} \tag{3-49b}$$

塑性区 $J'I'L'K'$—速度非连续边界线 $J'K'$ 和 $I'J'$

$$v_{J'I'L'K'}=v_0\left[\frac{\cos\beta_2'}{\lambda' R}\left(R+\frac{s/2-R-x}{\cos^2\varepsilon_1}\right)-1\right] \tag{3-50a}$$

$$\Delta v_{J'K'}=v_0\frac{\cos\beta_2'}{\lambda'} \tag{3-50b}$$

$$\Delta v_{I'J'}=v_0\frac{(s/2-R-x)\cos\beta_2'\tan\varepsilon_1}{\lambda' R\cos\varepsilon_1} \tag{3-50c}$$

其中，

$$\varepsilon_0=\arccos\left[\frac{(s/2)/(\lambda' R)-\sec\beta_2'}{\beta_1'-\beta_2'+\tan\beta_2'+\cot(\beta_1'-\omega)}\right] \tag{3-51a}$$

$$\varepsilon_1=\arctan\left\{\frac{\tan\varepsilon_0}{1+(\lambda'-\cos\beta_2')/[\sin(\beta_2'+\Lambda')\cos\varepsilon_0]}\right\} \tag{3-51b}$$

$$\Lambda'=\arccos\lambda' \tag{3-51c}$$

另外，η'和 r'的定义与破坏模式（A）中的保持一致（图3-18）。

中桩间距四桩破坏模式（B）中内能耗散率的计算：

与破坏模式（A）相同，破坏模式（B）内总的内能耗散也分为两部分，一部分发生在速度非连续边界上，一部分发生在塑性变形区内。

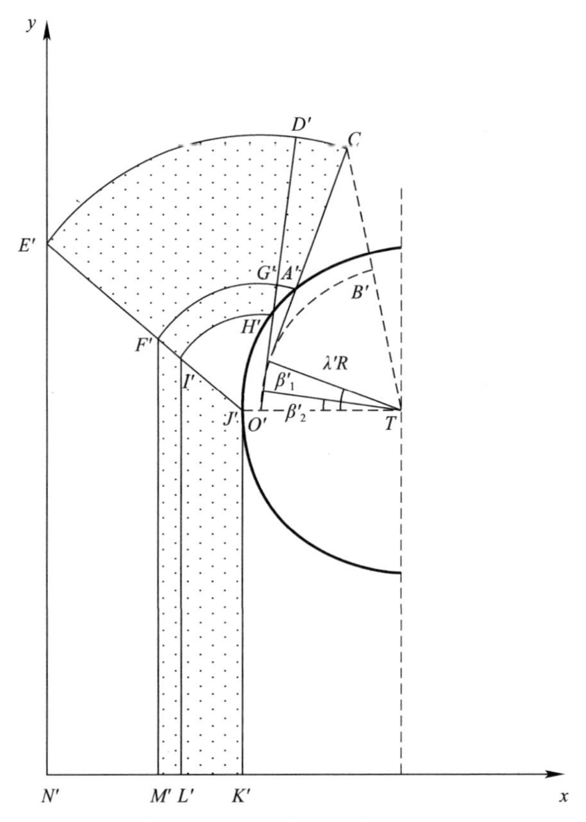

图 3-20　改进后的四桩破坏模式（B）的左半部分

该破坏模式内各速度非连续边界（图 3-19 和图 3-20）的长度分别为：

$$L_{HJ}=R(\beta_2+\Lambda) \tag{3-52a}$$

$$L_{AH}=R(\beta_1-\beta_2) \tag{3-52b}$$

$$L_{AC}=R\,\frac{\cos(\beta_1+\Lambda-\omega)}{\sin(\beta_1-\omega)} \tag{3-52c}$$

$$L_{CD}=R(\beta_1-\beta_2)\left[\frac{\cos(\beta_1+\Lambda-\omega)}{\sin(\beta_1-\omega)}+\sin\Lambda+\frac{\lambda_0}{2}(\beta_1-\beta_2)\right] \tag{3-52d}$$

$$L_{AG}=R(\beta_1-\beta_2)\left[\sin\Lambda+\frac{\lambda_0}{2}(\beta_1-\beta_2)\right] \tag{3-52e}$$

$$L_{GF}=R\left(\frac{\pi}{2}+\beta_2\right)[\lambda_0(\beta_1-\beta_2+\tan\beta_2)+\sin\Lambda] \tag{3-52f}$$

$$L_{DE}=\left(\frac{\pi}{2}+\beta_2\right)L_{CA}+L_{GF} \tag{3-52g}$$

$$L_{JK}=L_{FM}=L_{EN}=\frac{s}{2} \tag{3-52h}$$

对于第一类破坏模式（$\alpha=1$）：

$$L_{CJ'}=L_{E'J'}=R\left[\cot(\beta'+\omega)+\tan\frac{\beta'}{2}\right] \tag{3-53a}$$

$$L_{CE'}=R\left(\beta'+\frac{\pi}{2}-\varepsilon\right)\left[\cot(\beta'+\omega)+\tan\frac{\beta'}{2}\right] \tag{3-53b}$$

$$L_{J'K'}=R\tan\frac{\beta'}{2}+\frac{s}{2} \tag{3-53c}$$

对于第二类破坏模式（$\alpha<1$）：

$$L_{H'J'}=R(\beta_2'+\Lambda') \tag{3-54a}$$

$$L_{A'H'}=R(\beta_1'-\beta_2') \tag{3-54b}$$

$$L_{A'C}=L_{E'F'}=R\frac{\cos(\beta_1'+\Lambda'+\omega)}{\sin(\beta_1'+\omega)} \tag{3-54c}$$

$$L_{C'D'}=R(\beta_1'-\beta_2')\left[\frac{\cos(\beta_1'+\Lambda'+\omega)}{\sin(\beta_1'+\omega)}+\sin\Lambda'+\frac{\lambda'}{2}(\beta_1'-\beta_2')\right] \tag{3-54d}$$

$$L_{A'G'}=R(\beta_1'-\beta_2')\left[\sin\Lambda'+\frac{\lambda'}{2}(\beta_1'-\beta_2')\right] \tag{3-54e}$$

$$L_{G'F'}=R\left(\frac{\pi}{2}+\beta_2'-\varepsilon_0\right)[\lambda'(\beta_1'-\beta_2'+\tan\beta_2')+\sin\Lambda'] \tag{3-54f}$$

$$L_{D'E'}=\left(\frac{\pi}{2}+\beta_2'-\varepsilon_0\right)L_{CA'}+L_{G'F'} \tag{3-54g}$$

$$L_{F'I'}=R\lambda'(\beta_1'-\beta_2') \tag{3-54h}$$

$$L_{I'J'}=R\frac{\sin\varepsilon_0}{\sin\varepsilon_1}(\lambda'\tan\beta_2'-\sin\Lambda') \tag{3-54i}$$

$$L_{F'M'}=L_{I'J'}\sin\varepsilon_1+R\lambda'\sin\varepsilon_0(\beta_1'-\beta_2')+\frac{s}{2} \tag{3-54j}$$

$$L_{J'K'}=\frac{s}{2} \tag{3-54k}$$

由于这些速度非连续边界上的速度变化 Δv 在上文中已经给出，因此该破坏模式在边界上产生的内能耗散率可通过下式计算得到：

对于第一类破坏模式（$\alpha=1$）：

$$\begin{aligned}\dot{D}_{\mathrm{d}}=s_{\mathrm{u}}\Big\{&\alpha\Big(L_{HJ}\Delta v_{HJ}+v_0R\,\frac{\sin\beta_1-\sin\beta_2}{\lambda_0}\Big)+L_{AC}\Delta v_{AC}+L_{CD}\Delta v_{CD}\\&+L_{DE}\Delta v_{DE}+L_{AG}\Delta v_{AG}+L_{GF}\Delta v_{GF}+L_{JK}\Delta v_{JK}+L_{FM}\Delta v_{FM}\\&+L_{EN}\Delta v_{EN}+L_{CJ'}\Delta v_{CJ'}+L_{E'J'}\Delta v_{E'J'}+L_{CE'}\Delta v_{CE'}+L_{JK'}\Delta v_{JK'}\Big\}\end{aligned}\tag{3-55}$$

对于第二类破坏模式（$\alpha<1$）：

$$\begin{aligned}\dot{D}_{\mathrm{d}}=s_{\mathrm{u}}\Big\{&\alpha\Big(L_{HJ}\Delta v_{HJ}+L_{H'J'}\Delta v_{H'J'}+v_0R\,\frac{\sin\beta_1-\sin\beta_2}{\lambda_0}+v_0R\,\frac{\sin\beta_1'-\sin\beta_2'}{\lambda'}\Big)\\&+v_0R\tan\varepsilon_0[\cos(\beta_2'+\Lambda')-\cos(\beta_1'+\Lambda')]\\&+v_0\,\frac{\lambda'R\sin^2\varepsilon_0}{2\sin^2\varepsilon_1}\tan\varepsilon_1\cos\beta_2'(\tan\beta_2'+\tan\Lambda')^2\\&+L_{AC}\Delta v_{AC}+L_{CD}\Delta v_{CD}+L_{DE}\Delta v_{DE}+L_{AG}\Delta v_{AG}+L_{GF}\Delta v_{GF}+L_{JK}\Delta v_{JK}\\&+L_{FM}\Delta v_{FM}+L_{EN}\Delta v_{EN}+L_{A'C}\Delta v_{A'C}+L_{CD'}\Delta v_{CD'}+L_{D'E}\Delta v_{D'E}+L_{A'G'}\Delta v_{A'G'}\\&+L_{G'F'}\Delta v_{G'F'}+L_{J'K'}\Delta v_{J'K'}+L_{F'M'}\Delta v_{F'M'}+L_{E'F'}\Delta v_{E'F'}\Big\}\end{aligned}\tag{3-56}$$

而破坏模式内各塑性变形区的内能耗散率的表达式为：

$$\begin{aligned}\dot{D}_{AGH}=v_0s_{\mathrm{u}}R\{&-2\sin(\beta_2+\Lambda)+\cos(\beta_2+\Lambda)\tan\Lambda\\&-\cos(\beta_1+\Lambda)[2(\beta_1-\beta_2)+\tan\Lambda]\\&-\frac{1}{2}\sin(\beta_1+\Lambda)[(\beta_1-\beta_2)^2+2(\beta_1-\beta_2)\tan\Lambda-4]\}\end{aligned}\tag{3-57a}$$

$$\dot{D}_{CDEFGA}=v_0s_{\mathrm{u}}R\sin\beta_1\,\frac{\cos(\beta_1+\Lambda-\omega)}{\sin(\beta_1-\omega)}\Big(\beta_1+\frac{\pi}{2}\Big)\tag{3-57b}$$

$$\begin{aligned}\dot{D}_{GFIH}=v_0s_{\mathrm{u}}R\Big(\frac{\pi}{2}+\beta_2\Big)\{&2[\cos(\beta_2+\Lambda)-\cos(\beta_1+\Lambda)]\\&-\sin(\beta_1+\Lambda)[\beta_1-\beta_2+\tan\beta_2+\tan\Lambda]\\&+\sin(\beta_2+\Lambda)(\tan\beta_2+\tan\Lambda)\}\end{aligned}\tag{3-57c}$$

$$\dot{D}_{JILK}=v_0 s_u \frac{s}{2}\cos\beta_2\left(\tan\beta_2+\sec\beta_2+\frac{\sin\Lambda-1}{\lambda_0}\right) \tag{3-57d}$$

$$\dot{D}_{IFML}=v_0 s_u \frac{s}{2\lambda_0}\left[\sin(\beta_1+\Lambda)-\sin(\beta_2+\Lambda)\right] \tag{3-57e}$$

对于第一类破坏模式（$\alpha=1$）：

$$\dot{D}_{CE'J'}=v_0 s_u R\sin\beta'\left[\cot(\beta'+\omega)+\tan\frac{\beta'}{2}\right]\left(\beta'+\frac{\pi}{2}-\varepsilon\right) \tag{3-58}$$

对于第二类破坏模式（$\alpha<1$）：

$$\begin{aligned}\dot{D}_{A'G'H'}=v_0 s_u R\{&-2\sin(\beta_2'+\Lambda')+\cos(\beta_2'+\Lambda')\tan\Lambda'\\&-\cos(\beta_1'+\Lambda')[2(\beta_1'-\beta_2')+\tan\Lambda']\\&-\frac{1}{2}\sin(\beta_1'+\Lambda')[(\beta_1'-\beta_2')^2+2(\beta_1'-\beta_2')\tan\Lambda'-4]\}\end{aligned} \tag{3-59a}$$

$$\dot{D}_{CD'E'F'G'A'}=v_0 s_u R\sin\beta_1'\frac{\cos\ (\beta_1'+\Lambda'+\omega)}{\sin\ (\beta_1'+\omega)}\left(\beta_1'+\frac{\pi}{2}-\varepsilon_0\right) \tag{3-59b}$$

$$\begin{aligned}\dot{D}_{G'F'I'H'}=v_0 s_u R\left(\frac{\pi}{2}+\beta_2'-\varepsilon_0\right)\{&2[\cos(\beta_2'+\Lambda')-\cos(\beta_1'+\Lambda')]\\&-\sin(\beta_1'+\Lambda')[\beta_1'-\beta_2'+\tan\beta_2'+\tan\Lambda']\\&+\sin(\beta_2'+\Lambda')(\tan\beta_2'+\tan\Lambda')\}\end{aligned} \tag{3-59c}$$

$$\begin{aligned}\dot{D}_{J'I'L'K'}=v_0 s_u \frac{\cos\beta_2'}{\lambda' R\cos^2\varepsilon_1}\Bigg[&\frac{\lambda'^2 R^2(\tan\beta_2'+\tan\Lambda')^2\sin^2\varepsilon_0}{2\tan\varepsilon_1}\\&+\frac{s\sin\varepsilon_0\lambda' R(\tan\beta_2'+\tan\Lambda')}{2\tan\varepsilon_1}\Bigg]\end{aligned} \tag{3-59d}$$

$$\begin{aligned}\dot{D}_{I'F'M'L'}=v_0 s_u R\tan\varepsilon_0\Bigg\{&\cos(\beta_1'+\Lambda')-\cos(\beta_2'+\Lambda')+\sin(\beta_1'+\Lambda')(\beta_1'-\beta_2')\\&[\sin(\beta_1'+\Lambda')-\sin(\beta_2'+\Lambda')]\left[\frac{\sin(\beta_2'+\Lambda')}{\lambda'\cos\beta_2'}+\frac{s/2}{\lambda' R\sin\varepsilon_0}\right]\Bigg\}\end{aligned} \tag{3-59e}$$

上述破坏模式适合处理中桩间距情况，当桩间距进一步增大时，破坏模式（B）也将不再适用。因此，处理桩间距更大的情况的破坏模式（C）建立如下。

3.4.5 大桩间距四桩破坏模式（C）

基于图 3-16(*c*) 对大桩间距条件下四桩基础—土体破坏模式的预估，破坏模式（C）的构建如图 3-21 所示。

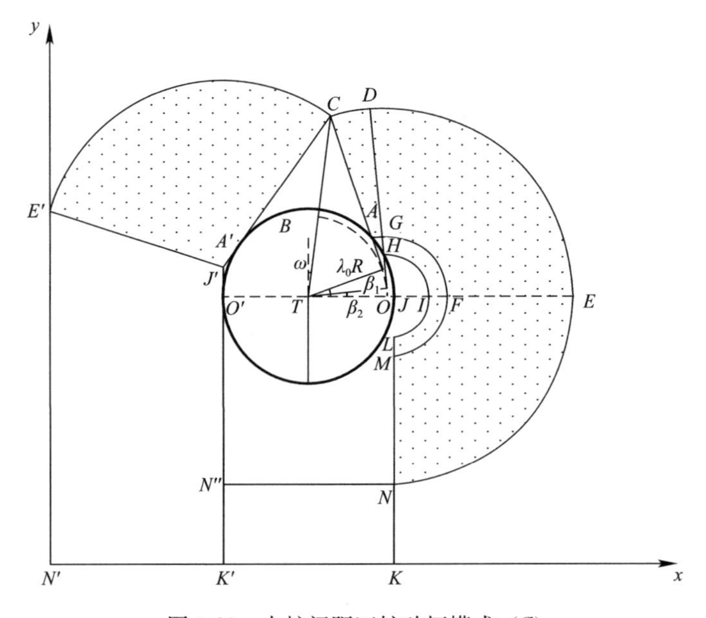

图 3-21 大桩间距四桩破坏模式（C）

与破坏模式（B）相比，该破坏模式在桩截面以外部分（x 轴正方向）的塑性区和刚性区有所变化，形成了绕桩分布的局部扇形区域（扇形塑性区 *IFML* 和 *FENM* 以及刚性转动区 *JIL*）。扇形塑性区 *IFML* 和 *FENM* 内的速度场样式与塑性区 *AGFIH* 和 *ACDEFG* 保持一致，而刚性转动区 *JIL* 的角速度大小也与刚体 *HIJ* 相同。另外由于桩间距的增大，夹在 y 轴方向上的两根桩之间的刚性体被分成两部分（刚体 $O'ONN''$ 和 $NN''KK'$），刚体 $O'ONN''$ 的运动速度的大小和方向均与桩体相同，而刚体 $NN''KK'$ 的运动速度 $v_{NN''KK'}$ 的方向与桩体相同，但其大小与桩体速率 v_0 的比值随桩间距的增大线性减小。破坏模式（C）的几何特征由四个基本优化参数（角度 β_1、β_2、ω 和比值 λ_0）控制，这些参数的定义与破坏模式（B）中的定义保持一致。并且大部分区域内的速度场 v 和速度非连续边界线上的相对速

度 Δv 与破坏模式（B）中对应的内容也相同，因此在这里将不再赘述。

另外与破坏模式（B）相似，如图 3-21 所示的破坏模式（C）也仅适用于桩—土界面完全粗糙的情况（$\alpha=1$）。当考虑桩—土黏结系数 $\alpha<1$ 的情况时，应将当前破坏模式（C）的左半部分用改进后的破坏模式（图 3-20）替换后进行描述。

大桩间距四桩破坏模式（C）中内能耗散率的计算：

由于破坏模式（C）中大部分塑性区内及速度非连续边界上的内能耗散计算公式在上文中都已讨论，因此这里将只给出破坏模式（C）中未描述区域内或边界上的内能耗散率的计算。

扇形塑性区 $IFML$

$$\dot{D}_{IFML}=v_0 s_u R\ \frac{\pi}{2}[2\cos(\beta_2+\Lambda)+(\tan\beta_2+\tan\Lambda)\sin(\beta_2+\Lambda)$$
$$-2\cos(\beta_1+\Lambda)-(\beta_1-\beta_2+\tan\beta_2+\tan\Lambda)\sin(\beta_1+\Lambda)] \tag{3-60}$$

扇形塑性区 $FMNE$

$$\dot{D}_{FMNE}=v_0 s_u R\ \frac{\pi}{2}\sin\beta_1\ \frac{\cos(\beta_1+\Lambda+\omega)}{\sin(\beta_1+\omega)} \tag{3-61}$$

速度非连续边界线 JN

$$\dot{D}_{JN}=\dot{D}_{MN}+\dot{D}_{LM}+\dot{D}_{JL} \tag{3-62a}$$

$$\dot{D}_{MN}=\sqrt{v_0^2+v_0^2\sin^2\beta_1}\,R\ \frac{\cos(\omega+\beta_1+\Lambda)}{\sin(\omega+\beta_1)} \tag{3-62b}$$

$$\dot{D}_{LM}=\lambda_0 R\int_{\beta_2}^{\beta_1}\sqrt{\left(v_0\ \frac{\sin(t+\Lambda)}{\lambda_0}\right)^2+{v_0}^2}\ \mathrm{d}t \tag{3-62c}$$

$$\dot{D}_{JL}=\int_0^{\sqrt{\lambda_0^2R^2(\tan\beta_2+\tan\Lambda)^2-\left(R-\frac{\lambda_0 R}{\cos\beta_2}\right)^2}}\sqrt{v_0^2\ \frac{\cos^2\beta_2}{\lambda_0^2R^2}\left[z^2+\left(R-\frac{\lambda_0 R}{\cos\beta_2}\right)^2\right]+v_0^2}\ \mathrm{d}z \tag{3-62d}$$

其中，t 和 z 都是计算过程中的参数变量。

速度非连续边界线 FM

$$\dot{D}_{FM}=v_0 R\ \frac{\pi}{2}\{(\beta_1-\beta_2+\tan\beta_2+\tan\Lambda)[\sin(\beta_1+\Lambda)-\lambda_0\sin\beta_1]\} \tag{3-63}$$

速度非连续边界线 EN

$$\dot{D}_{EN}=v_0R\ \frac{\pi}{2}\sin\beta_1\left[\lambda_0(\beta_1-\beta_2+\tan\beta_2)+\sin\Lambda+\frac{\cos(\beta_1+\Lambda+\omega)}{\sin(\beta_1+\omega)}\right] \quad (3\text{-}64)$$

其中，Λ 的定义与上述破坏模式（A）和（B）中的定义保持一致。

3.4.6 四桩基础水平极限荷载的计算

同样用水平极限土体抗力系数 N_p 来表征四桩基础水平极限荷载的大小（见 3.3.5 小节）。由极限分析上限理论可知，对于任意运动许可的速度场，其外荷载做功的功率总是小于或等于内力做功的功率（即理论破坏模式中总的内能耗散率）。因此，四桩基础的水平极限土体抗力系数 N_p 的计算公式为：

$$N_p=\frac{\dot{W}_e}{4v_0s_uD}=\frac{\min(\dot{D}_i)}{4v_0s_uD} \quad (3\text{-}65)$$

3.5 上限解的优化方法及程序实现

基于以上三桩或四桩基础的理论破坏模式，可以得到特定破坏模式内总的内能耗散率，进而通过式（3-27b）或（3-65）求得三桩或四桩基础水平极限土体抗力系数 N_p 的表达式。根据极限分析的上限定理，若想得到 N_p 的极限分析上限解，需要求得对应破坏模式内能耗散率 $\dot{D}_i$ 的最小值。由于本章中对应不同三桩或四桩破坏模式的内能耗散率表达式均是多参数控制的（式 3-66），因此需要编制有效的优化程序对目标函数 f（内能耗散率 $\dot{D}_i$）进行计算。本书采用了陈祖煜院士[139]于 1992 年提出的随机搜索法。

$$\dot{D}_i=\begin{cases} f_1(\beta,\lambda_0), & \text{小间距三桩破坏模式} \\ f_2(\beta_b,\varepsilon_b,\omega_b,\delta_b,\zeta_b), & \text{大间距三桩破坏模式} \\ f_3(\beta,\lambda_0), & \text{小间距四桩破坏模式} \\ f_4(\beta_1,\beta_2,\omega,\lambda_0), & \text{中间距四桩破坏模式}(\alpha=1) \\ f_5(\beta_1,\beta_2,\omega,\lambda_0,\beta_1',\beta_2'), & \text{中间距四桩破坏模式}(\alpha<1) \\ f_6(\beta_1,\beta_2,\omega,\lambda_0), & \text{大间距四桩破坏模式}(\alpha=1) \\ f_7(\beta_1,\beta_2,\omega,\lambda_0,\beta_1',\beta_2'), & \text{大间距四桩破坏模式}(\alpha<1) \end{cases} \quad (3\text{-}66)$$

3.5.1 随机搜索法

随机搜索法能够有效避免求解程序陷入局部最小值[139]。本书采用该方法对目标函数进行优化计算，能够在保证计算精度的前提下提高优化计算效率，从而优化得到极限荷载值的理论上限解。在土体强度参数及多桩布置形式（桩间距与桩径的比值 s/D）确定的条件下，可以进行多步的迭代计算达到全局的最小值。如图3-22所示以三桩基础为例，给出了运用随机搜索法解决该类优化问题的流程图。

对于大桩间距三桩破坏模式而言，程序编写过程如下：首先，确定该问题的几何参数桩径 D 以及桩间距 s。其次，预设各优化角度变量 β_b、ε_b、ω_b、δ_b 和 ζ_b 的初始值，比如，设 β_b、ε_b、ω_b、δ_b 和 ζ_b 的初始值分别为0.174、0.523、0.174、0.523和2.791（均为弧度制）。然后设定搜索的初始步长以及搜索精度，例如，初始步长和搜索精度分别设为40和0.01。这里可以使用Matlab工具箱内的“unifrnd”函数，生成在区间［－1，1］内的随机数，再用“norm”函数将其单位化，根据当前的搜索步长得到每次循环内的 β_b、ε_b、ω_b、δ_b 和 ζ_b。然后，通过判断语句检验当前优化参数的值是否满足模型的几何控制条件以及其他优化控制条件，若不满足，则重新生成随机数重复运算；若满足，则依据内能耗散公式计算出目标函数 f（总内能耗散率 $\dot{D}_i$）。设第一次计算得出的目标函数 f_0，之后每次循环计算得到的目标函数值 f 与当前的 f_0 进行比较：若 $f>f_0$，则重新生成随机数重复计算；若 $f\leqslant f_0$，则令当前 f 的值等于 f_0 为下面循环计算所用。最后，再判断搜索步长与精度的大小关系：若当前步长大于等于精度值，则步长减半后进入循环计算；若当前步长小于精度值，则优化计算完成，此时的 f_0 即为所需的优化结果。

该优化程序依托于Matlab软件平台，对于三桩和四桩基础不同的破坏模式，由于其优化参数不同，几何控制条件不同，需要分别编写不同的程序（TRIPODA、TRIPODB、TETRAPODA、TETRAPODB1、TETRAPODB2、TETRAPODC1和TETRAPODC2）来计算，它们依次对应了式（3-66）中的7个目标函数（f_1～f_7）。通常情况下采用英特尔4.00GHz i7处理器完成一次优化计算大约需要60～

90s 的时间，计算效率一定程度上也取决于优化参数初始值和步长的选择。对初始值进行合理的估计可以很大程度地缩减计算时间，提高计算效率。

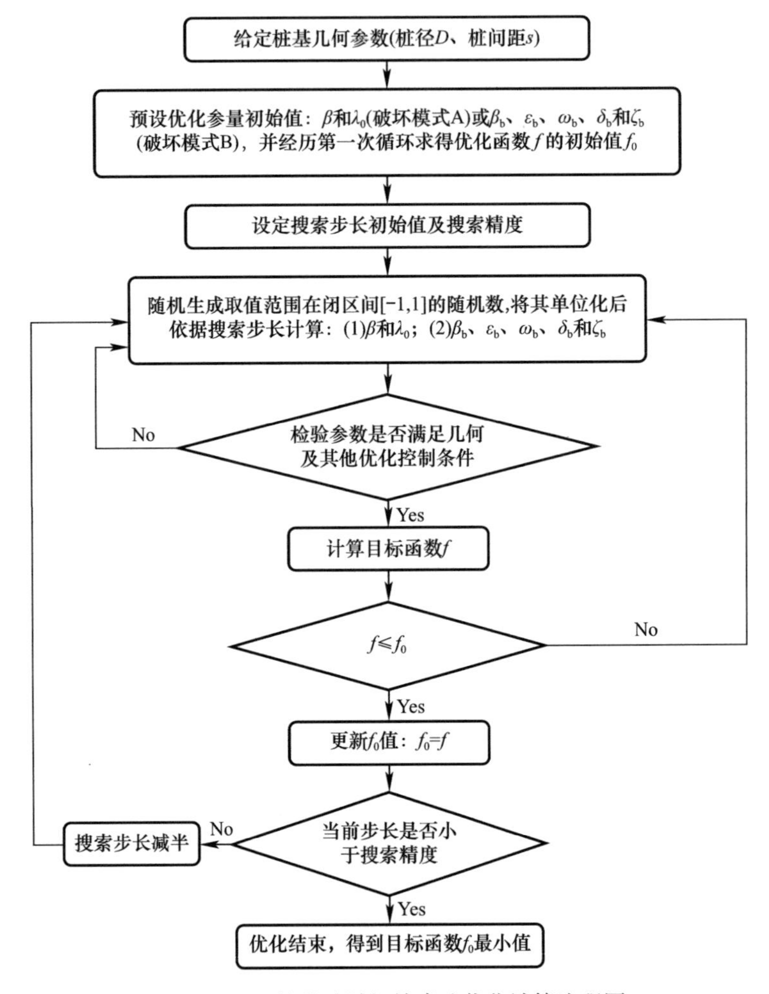

图 3-22　三桩基础随机搜索法优化计算流程图

3.5.2　程序验证

为了验证本书基于随机搜索法编制的优化程序的有效性，接下来笔者将通过控制程序（如：TRIPODA）内的一些几何参数，使其符合之前的一些文献[115,120]采用的破坏机制，并将本章的计算结果与之前的研究进行比较。当小间距三桩破坏模式中位移非连续边界线 AC 与 y 轴的夹角 $\psi=\pi/4$，且其中一个优化参数 $\lambda_0=\cos$（$\arccos\alpha/2$）时，该破坏模式将会与 Georgiadis 等人[120]构建的处理小桩间距情况下的双桩破坏模式（图 3-23）一致。若再退一步不考虑桩间距对破坏模式几何特征的影响，即桩间距 s 为 0 的情况，该破坏模式将会退化为最常见的单桩破坏模式[115]（图 3-24）。选取桩—土黏结系数 α 等于 1，标准化桩间距 s/D 为 0、1、1.1、1.2、1.3 的情况，将计算得到的水平极限土体抗力系数 N_p 与之前的研究进行比较，见表 3-2。

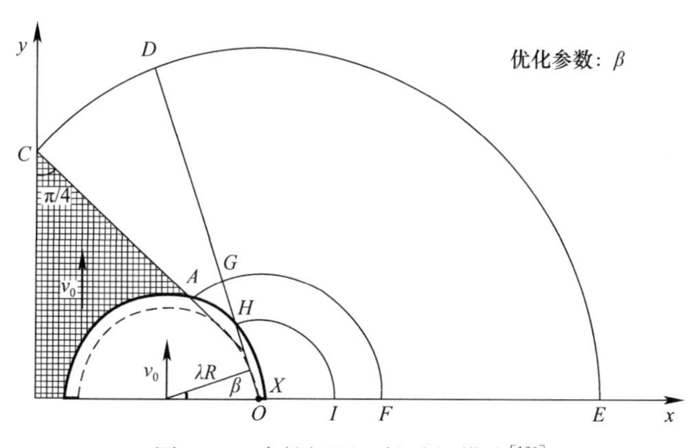

图 3-23　小桩间距双桩破坏模式[120]

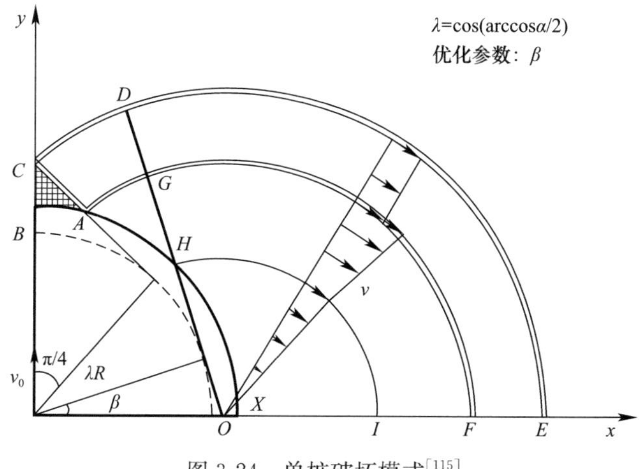

图 3-24　单桩破坏模式[115]

基于本书程序计算得到的 N_p 与之前的研究[115,120]结果的对比　　表 3-2

s/D	已有研究		本书研究
	Martin 和 Randolph[115]	Georgiadis 等人[120]	
0	11.940	—	11.951
1	—	11.714	11.682
1.1	—	12.231	12.253
1.2	—	12.821	12.824
1.3	—	13.097	13.041

从表中可以看出，基于本章优化程序计算得到的水平极限土体抗力系数 N_p 与前人研究得到的结果吻合良好。结果之间的差异均在 0.3%以下，其中最大为 0.257%。由此可以证明笔者编制的优化程序（TRIPODA）正确有效。由于其他程序与 TRIPODA 程序的编程方法及思路一致，因此其他程序的有效性同样得以证明。

为了验证本章中构建的运动许可速度场及相关计算公式的正确性，接下来，笔者将分别采用两种数值方法（位移有限元方法和数值有限元极限分析方法）与上述的理论极限分析上限解答（三桩基础和四桩基础解答）进行相互验证。其中位移有限元分析通过通用有限元软件 PLAXIS 2D[138]实现，而有限元极限分析部分则通过软件 OptumG2[140]实现。

3.6 极限分析上限解的验证分析

3.6.1 三桩基础极限分析上限解的验证分析

位移有限元分析的二维平面应变模型构建如 3.3.2 小节所述，在有限元模拟过程中三桩基础的水平极限土体抗力可以通过在桩周施加等量位移的方法得到。该预设的位移量应当足够大，使得桩基周围的土体能够达到塑性流动破坏状态，反应在 p-y 曲线上，即达到桩周土体抗力 p 的峰值，此时的峰值对应的就是三桩基础的极限荷载。

首先将位移有限元结果与理论极限分析结果（TRIPODA 和 TRIPODB 程

序优化的结果）进行对比分析。几个对比算例中在保持其他模型参数相同的前提下考虑了不同的桩间距情况。选定的具体参数值为：土体的不排水强度 s_u=100kPa，桩—土黏结系数 α 等于 1，位移方向角 θ 等于 0，而标准化桩间距 s/D 分别取 1、1.5、2、2.5、3、3.5。其中，计算理论极限分析解时根据试算结果可知：当 s/D=1 或 1.5 时，三桩基础受水平荷载最危险的破坏形式为小间距破坏模式，因此采用 TRIPODA 程序计算得到 N_p 的理论最小上限解；当 s/D=2、2.5、3 或 3.5 时，三桩基础受水平荷载最危险的破坏形式为大间距破坏模式，因此采用 TRIPODB 程序计算得到 N_p 的理论解最小上限值。对比结果见表 3-3。

三桩基础 N_p 的理论上限解与其他数值分析结果之间的对比　　表 3-3

s/D	N_p (α=1，θ=0)			
	DFEA	FELA-UB	FELA-LB	ALA-UB
1	7.639	7.661	7.592	8.042
1.5	9.591	9.461	9.382	9.91
2	10.119	10.165	10.084	10.401
2.5	10.562	10.588	10.485	10.842
3	10.952	11.021	10.923	11.493
3.5	11.403	11.452	11.351	11.971

注：DFEA=位移有限元分析；FELA-UB=数值有限元极限分析上限解；FELA-LB=数值有限元极限分析下限解；ALA-UB=理论极限分析上限解。

从对比的结果可以看出，本章得到的理论极限分析上限解与位移有限元分析中得到的结果基本吻合，两者的差异大概在5%左右。但理论计算的结果总是略大于有限元结果，这是由于本章中运用的极限分析理论得到的是承载力系数的上限解答，该差异的存在是合理的。另外，以 s/D=3 为例，图 3-25 将所构建的运动许可速度场［图 3-25(a)］与有限元分析在破坏时的位移增量云图［图 3-25(b)］进行了对比，两者的破坏面形状是很相似的，这也更加直观地证明了理论破坏模式的合理性。

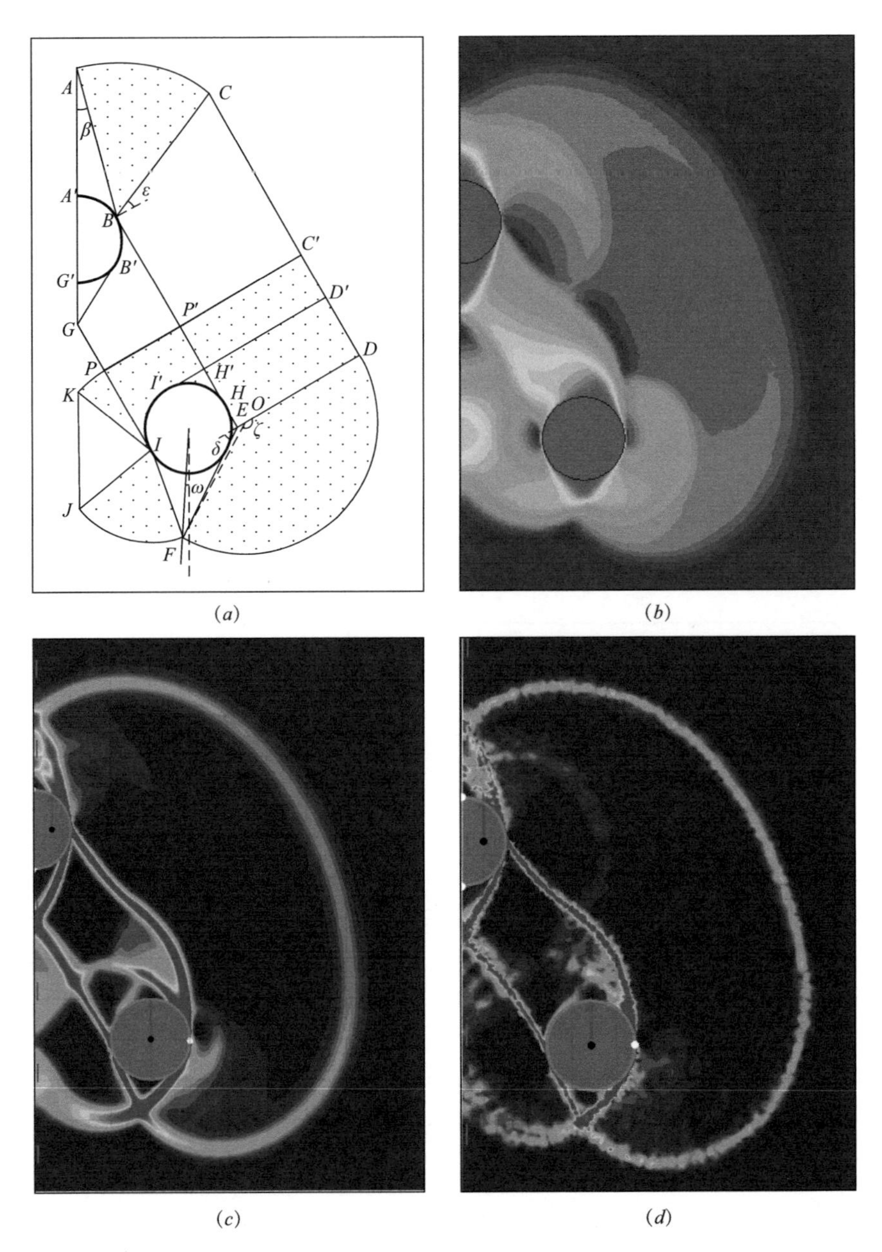

图 3-25　三桩基础的破坏模式（$s/D=3$）

（a）理论极限分析中的运动许可速度场；（b）位移有限元分析中的位移增量云图；（c）数值极限上限分析中的总内能耗散图；（d）数值极限下限分析中的总内能耗散图

接下来，为了进一步保证得到结果的正确性，笔者又采用了第三种方法——数值极限分析方法对比验证。

由于数值极限分析方法在解决复杂岩土工程问题时有很好的效果和先天的优势[141]，因此被越来越多的学者[142-147]用来解决岩土工程里的承载力问题。本小节中笔者也将基于有限元极限分析软件OptumG2通过有限元极限分析方法对三桩基础的水平受荷问题进行模拟。

OptumG2中建立的有限元模型（图3-26）的几何参数与本章3.3.2小节内PLAXIS 2D中建立的模型基本相同，模型中的材料参数参照表3-1所示。不同的是，位移有限元分析中需要在桩周施加等量的位移，而在OptumG2中则需要给桩施加一个乘数荷载，该荷载将会在模拟过程中从一个初始荷载值不断增加直到土体塑性流动时停止，此时对应的荷载值即极限荷载。另外，为提高数值分析结果的精度，OptumG2中使用了自适应的网格划分技术，通过五步自适应迭代，模型内的网格数量从1000增长到10000。

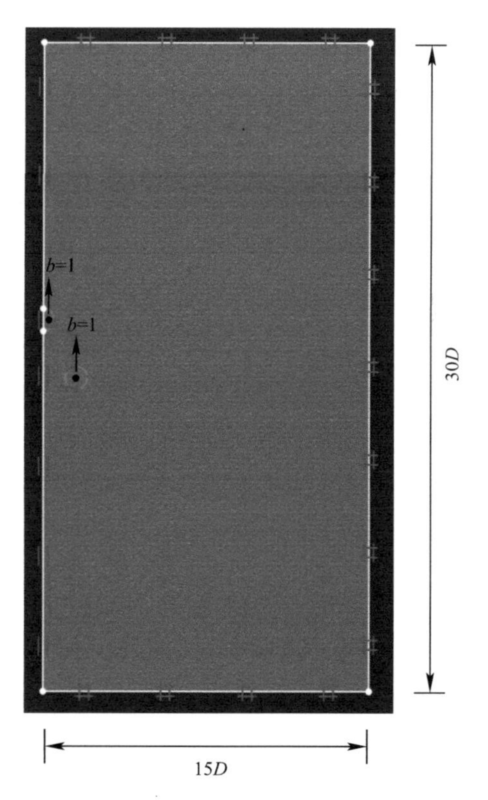

图3-26　三桩基础在OptumG2中的二维平面应变模型

通过几个相同的算例，数值极限分析方法得到的承载力系数N_p的上下限值与理论极限分析上限值以及有限元结果开展了对比分析，见表3-4。可以明显发现，数值极限分析得到的承载力系数N_p的上限解与下限解吻合良好，其最大差异不超过1%。同时位移有限元结果总是落在理论或数值给出的上下限解答组成的闭合区间内，因此一般认为位移有限元分析得到的结果是最接近“精确解”的。需要注意的是，这里不同方法之间结果的对比差异规律是合理的，这也印证了本章中得到的各类结果的正确性。另外，以 $s/D=3$ 为例，图 3-25 还将数值极限分析在破坏时的总内能耗散图［图 3-25(c)、图 3-25(d)］与图 3-25(a) 进行了对比，从而进一步印证了理论极限分析中构建的破坏模式的合理性。

3.6.2 四桩基础极限分析上限解的验证分析

四桩基础位移有限元分析的二维平面应变模型建立如 3.4.2 小节所述。在得到四桩基础—土体塑性流动破坏时位移增量云图的基础上，绘制出桩周土体抗力 p 随桩体位移 y 变化的曲线，当桩体位移不断增大使桩周土体抗力达到最大值时，即达到四桩基础水平极限土体抗力的极限值。

首先将位移有限元分析得到的水平极限土体抗力系数 N_p 与理论极限分析结果，即优化程序（TETRAPODA、TETRAPODB1、TETRAPODB2、TETRAPODC1 和 TETRAPODC2）得到的结果进行对比（表 3-4）。几组对比算例中在保持其他模型参数不变的前提下考虑了不同的桩间距以及桩—土黏结系数情况。选取的具体参数为：土体的不排水强度 $s_u=100$kPa，荷载方向角 θ 等于 0，桩—土黏结系数 α 分别取 0、0.5、1，而标准化桩间距 s/D 分别取 1、1.5、2、2.5、3、3.5、4。其中，计算理论极限分析上限解时根据试算结果可知：对于桩—土黏结系数 $\alpha=0$ 的情况，当 $s/D=1$ 时，四桩基础受水平荷载最危险的破坏形式为小间距破坏模式，因此采用 TETRAPODA 程序计算得到 N_p 的理论最小上限解；当 $s/D=1.5$ 或 2 时，四桩基础受水平荷载最危险的破坏形式为中间距破坏模式，因此采用 TETRAPODB2 程序计算得到最小上限解；当 $s/D=2.5$ 时，四桩基础受水平荷载最危险的破坏形式为大间距破坏模式，因此采用 TETRAPODC2 程序计算得到最小上限解。同样通过试算，对于桩—土黏结系数 $\alpha=0.5$ 的情况，当 $s/D=1$ 或 1.5 时，应采用 TETRAPODA 程序进行计算；当 $s/D=2$、2.5 或 3 时，应采用 TETRAPODB2 程序进行计算；当 $s/D=3.5$ 或 4 时，应采用 TETRAPODC2 程序进行计算。而对于桩—土黏结系数 $\alpha=1$ 的情况，当 $s/D=1$ 或 1.5 时，应采用 TETRAPODA 程序进行计算；当 $s/D=2$、2.5、3 或 3.5 时，应采用 TETRAPODB1 程序进行计算；当 $s/D=4$ 时，应采用 TETRAPODC1 程序进行计算。对比结果见表 3-4。

四桩基础 N_p 的理论上限解与位移有限元分析结果之间的对比　　表 3-4

s/D	$N_p(\alpha=0)$		$N_p(\alpha=0.5)$		$N_p(\alpha=1)$	
	DFEA	ALA-UB	DFEA	ALA-UB	DFEA	ALA-UB
1	6.203	6.695	6.548	6.872	6.714	7.048
1.5	7.563	8.272	8.31	8.614	8.517	9.079
2	7.975	8.677	8.849	8.971	9.359	9.661
2.5	8.394	9.157	9.349	9.394	9.861	10.006
3	8.815	9.172	9.837	9.963	10.386	10.541
3.5	9.171	9.172	10.254	10.531	10.897	11.224
4	9.223	9.172	10.599	10.852	11.292	11.722

从结果上看，理论极限分析结果与位移有限元分析结果的变化规律总是保持一致，且数值相差不大，两者的最大差异不超过 8%。需要说明的一点是，由于极限分析上限理论得到的是承载力系数的上限解答，因此该差异的存在是合理的。另外，图 3-27 还对比了理论极限分析中构建的运动许可速度场［图 3-27(*a*)］与有限元分析在破坏时的位移增量云图［图 3-27(*b*)］，两者破坏面的形式是很相近的，这也进一步证明了理论破坏模式构建的合理性。接下来，笔者又加入了第三种方法：数值极限分析方法对得到的结果进行了验证。

为了进一步验证得到结果的正确性，还基于软件 OptumG2 通过有限元极限分析方法对四桩基础的水平受荷问题进行了模拟。OptumG2 中建立的有限元模型如图 3-28 所示，其几何与材料参数与前文中的 PLAXIS 模型相同，具体参数的大小可参照位移有限元分析部分。在数值极限分析的模拟过程中在每根桩的中心施加了一个乘数集中荷载，该荷载会随着数值计算的进行从一个初始荷载值逐渐增加直到周围土体完全塑性破坏时停止，此时对应的荷载值即极限荷载。另外模拟过程中还使用了自适应的网格划分技术，通过五步自适应迭代，模型内总的网格数量从初始状态的 1000 增长到最终破坏时的 10000。

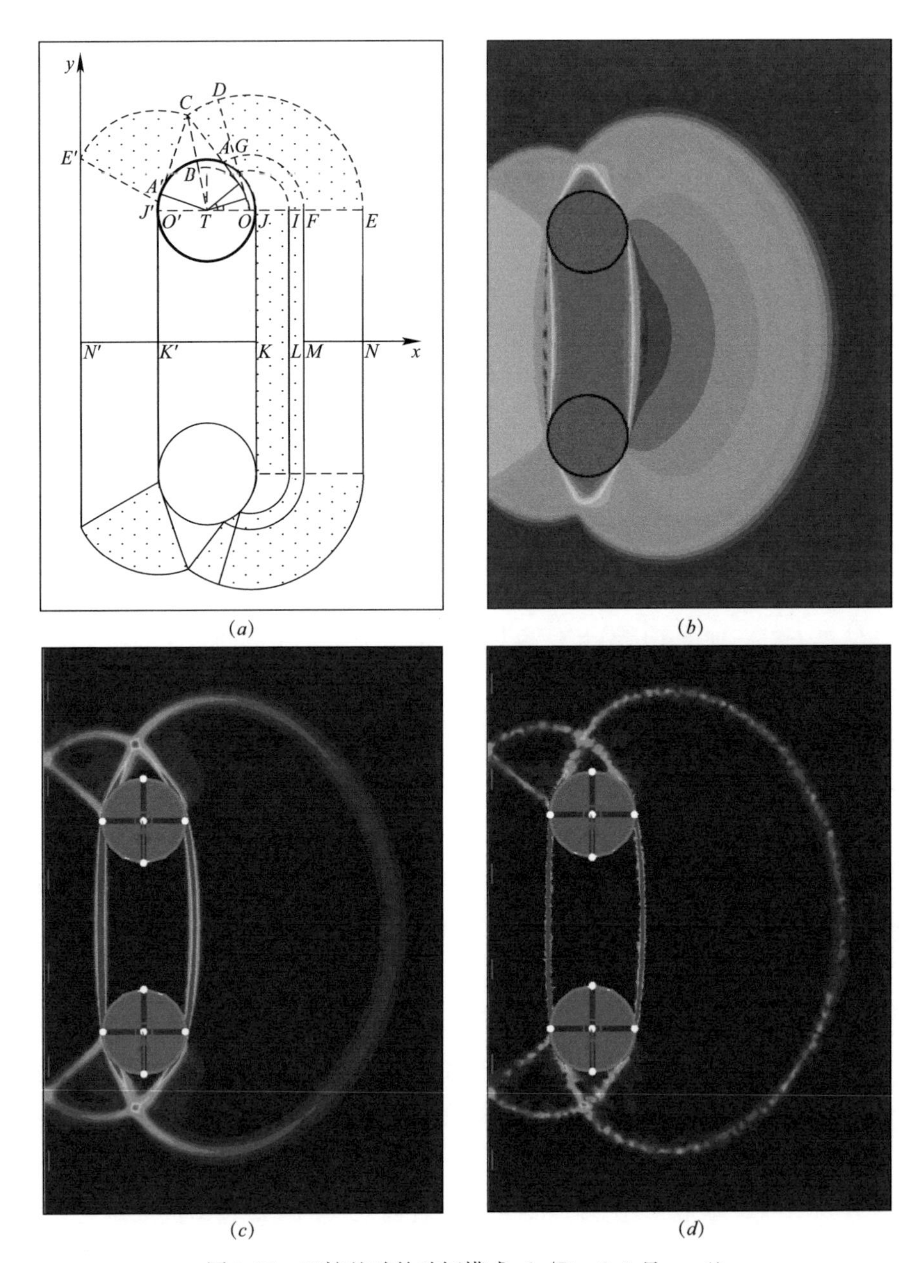

图 3-27　四桩基础的破坏模式（$s/D=2.5$ 且 $\alpha=1$）

（a）理论极限分析中的运动许可速度场；（b）位移有限元分析中的位移增量云图；

（c）数值极限上限分析中的总内能耗散图；（d）数值极限下限分析中的总内能耗散图

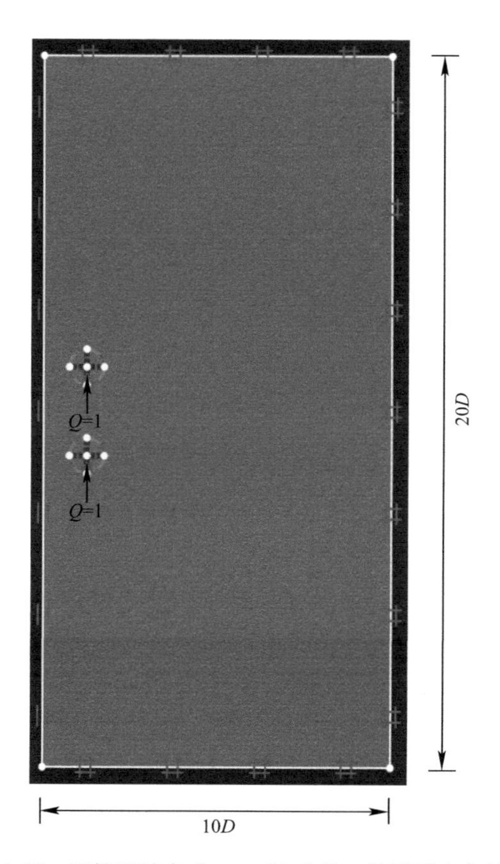

图 3-28 四桩基础在 OptumG2 中的二维平面应变模型

四桩基础 N_p 的理论上限解与其他数值分析结果之间的对比（$\alpha=1$）　表 3-5

s/D	$N_p(\alpha=1)$			
	DFEA	FELA-UB	FELA-LB	ALA-UB
1	6.714	6.825	6.735	7.048
1.5	8.517	8.507	8.235	9.079
2	9.359	9.365	9.098	9.661
2.5	9.861	9.979	9.797	10.006
3	10.386	10.505	10.302	10.541
3.5	10.897	11.062	10.754	11.224
4	11.292	11.327	11.073	11.722

四桩基础 N_p 的理论上限解与其他数值分析结果之间的对比（$\alpha=0.5$）　表 3-6

s/D	$N_p(\alpha=0.5)$			
	DFEA	FELA-UB	FELA-LB	ALA-UB
1	6.548	6.596	6.526	6.872
1.5	8.31	8.204	7.965	8.614
2	8.849	8.881	8.652	8.971
2.5	9.349	9.432	9.171	9.394
3	9.837	9.862	9.625	9.963
3.5	10.254	10.295	10.062	10.531
4	10.599	10.663	10.347	10.852

四桩基础 N_p 的理论上限解与其他数值分析结果之间的对比（$\alpha=0$）　表 3-7

s/D	$N_p(\alpha=0)$			
	DFEA	FELA-UB	FELA-LB	ALA-UB
1	6.203	6.235	6.121	6.695
1.5	7.563	7.542	7.254	8.272
2	7.975	8.025	7.759	8.677
2.5	8.394	8.493	8.173	9.157
3	8.815	8.922	8.567	9.172
3.5	9.171	9.205	8.925	9.172
4	9.223	9.304	9.161	9.172

通过几个相同的算例，数值极限分析得到的四桩基础极限土体抗力系数 N_p 的上下限解与理论极限分析上限解和位移有限元结果进行了对比分析，见表 3-5～表 3-7。可以明显发现，对于所有桩间距和桩—土黏结系数情况，几类计算结果吻合良好，任意两者的最大差异不超过 10%。另外，位移有限元结果大多都落在理论或数值给出的上下限解答组成的闭合区间内，因此一般认为位移有限元分析得到的结果最接近“精确解”。除此之外，图 3-27 中数值极限分析在破坏时的总内能耗散图［图 3-27(c)、图 3-27(d)］与图 3-27(a) 和图 3-27(b) 的对比进一步证明了构建的理论破坏模式的合理性。

综上所述，通过与位移有限元分析以及数值极限分析结果的对比，发现本章构建的水平受荷三桩和四桩基础的运动许可速度场是合理的，得到的水平极限土体抗力系数 N_p 理论上限解的误差是可接受的，因此用本章构建的理论破坏模式去描述多桩基础（三桩和四桩基础）的水平受荷问题是正确可靠的。

3.7　本章小结

本章基于极限分析上限理论结合位移有限元分析对水平受荷多桩基础（三桩和四桩基础）破坏模式的预估，分别构建了适用于不同桩间距条件下的三桩基础和四桩基础的运动许可的速度场（理论破坏模式），并依据此建立了二维平面应变条件下三桩和四桩基础水平极限土体抗力的极限分析上限解法。

文中对三桩和四桩基础破坏模式的基本特征进行了全面的描述，对其相应的水平极限土体抗力系数 N_p 的计算公式进行了详尽的推导。鉴于所构建的三桩和四桩理论破坏模式的复杂性（中、大间距多桩破坏模式中均有五个优化控制参数），本章采用了陈祖煜院士[139]提出的随机搜索法进行优化计算，依此可以高效地搜索出满足所有边界控制条件的土体抗力系数 N_p 的最小上限解。通过特殊算例条件下与前人极限分析上限结果的对比，验证了本章中三桩和四桩基础优化程序的正确性。

最后，通过与位移有限元分析以及有限元极限分析结果的比较，进一步验证了本章中得到的理论破坏模式以及极限土体抗力系数 N_p 极限分析上限解的合理性和准确性。

第 4 章　多桩基础深层水平极限土体抗力的影响因素与计算方法

4.1　引言

在第 3 章中成功地构建了多桩基础（三桩和四桩基础）不同桩间距条件下的运动许可的速度场（理论破坏模式），并依此得到了极限土体抗力系数极限分析上限解的计算表达式。虽然初步揭示了桩间距对多桩基础周围土体的破坏模式及其对应的极限承载能力是有影响的，但其影响的具体趋势还不够明确。另外，构建的理论破坏模式中也没有综合考虑桩—土黏结系数、荷载作用方向对多桩基础水平极限土体抗力的影响。然而事实上近些年来不少学者发现这些因素对桩基的水平极限土体抗力有明显的影响（例如：Christensen 和 Niewald[114]、Martin 和 Randolph[115]、Georgiadis 等人[120]）。

为此，本章将分别探讨桩间距、桩—土黏结系数和荷载作用方向角等因素对三桩和四桩基础水平极限土体抗力的影响，并给出了相应的经验公式和 p 乘子大小。另外，通过第 3 章中不同研究方法的对比可以看出三种方法（理论极限分析上限法、位移有限元方法、数值极限分析方法）均可以得到满足一定精度要求的 N_p，其中理论极限分析上限法和数值极限分析上限法均给出了 N_p 的上限值，数值极限分析下限法则给出了下限值，而位移有限元结果则落在其上下限范围内，最接近“精确值”。因此，以下影响因素分析将主要借助位移有限元方法开展研究。

4.2　多桩基础深层水平极限土体抗力影响因素分析

4.2.1　三桩基础深层水平极限土体抗力影响因素分析

1. 桩间距

三桩基础的水平极限土体抗力系数 N_p 会受到桩的直径 D 和任意两根桩之间

的桩间距 s 的影响。而根据前人[111,120,121]的一些研究经验可知，对于二维平面应变多桩模型而言，桩径和桩间距的影响可以通过保持桩—土黏结系数 α 固定的前提下，绘制一个水平极限土体抗力系数随标准化桩间距（即桩间距桩径比 s/D）变化的曲线图来描述。之前，Georgiadis 等人[111,120]已经给出了双桩以及排桩土体抗力系数随标准化桩间距变化的曲线图，接下来笔者将以三桩基础为研究对象进行相应的研究工作。

图 4-1 展示了当桩—土黏结系数 $\alpha=1$ 且荷载作用方向角 $\theta=0$ 时，三桩基础的水平极限土体抗力系数 N_p 随标准化桩间距 s/D 在 1～5.5 之间变化的曲线。总的来讲，N_p 随 s/D 的增加有明显的增大：在标准化桩间距 $s/D=1$ 时，即三根桩贴在一起时，水平极限土体抗力系数 N_p 最小，为 7.639。此时群桩效应对水平极限土体抗力系数的削弱作用最大，与不考虑桩与桩之间相互作用的理论单桩水平极限土体抗力系数值 11.94[112]相比，下降了约 36%。随着桩间距的不断增大，水平极限土体抗力系数不断增加，并在标准化桩间距 $s/D=4.6$ 附近达到最大值（即单桩土体抗力系数值），随后桩间距的增大将不再对水平极限土体抗力系数产生影响。这里需要说明的是，位移有限元分析得到最大水平极限土体抗力系数 N_{pmax} 为 12.086，与单桩的理论水平极限土体抗力系数 11.94 仅有微弱的差异（差异为 1.2%），这再一次证明了通过位移有限元分析得到结果的准确性。另外，从图 4-1 中可以明显看出，标准化桩间距 s/D 对土体抗力系数 N_p 的增大作用大致可以分为两个阶段（阶段 A 和阶段 B）。这两个阶段内土体抗力系数 N_p 随标准化桩间距 s/D 的增加速率是不同的：当 $1\leqslant s/D\leqslant 1.5$ 时（阶段 A），土体抗力系数随标准化桩间距变化曲线的斜率为 3.904；而当 $1.5\leqslant s/D\leqslant 4.5$ 时（阶段 B），土体抗力系数随标准化桩间距变化曲线的斜率为 0.805。

这里只讨论了桩—土黏结系数 $\alpha=1$ 的情况，而后面的研究将会给出桩—土黏结系数 α 对三桩基础的水平极限土体抗力以及土体抗力系数随标准化桩间距变化曲线的影响规律，详见本章 4.2.2 节。

标准化桩间距的变化对破坏时三桩基础周围土体的塑性流动样式也会有所影响。图 4-2 展示了对于桩土黏结系数 $\alpha=1$，荷载作用方向角 $\theta=0$ 且不考虑荷载偏心作用的情况下，当标准化桩间距 s/D 从 1.2 增长到 5 时三桩基础—土体的破

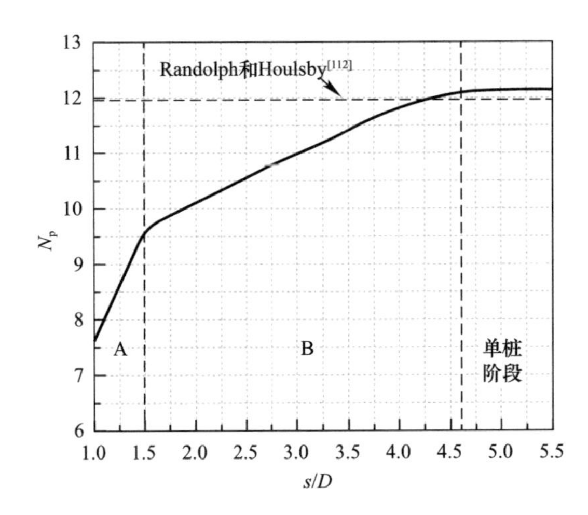

图 4-1　标准化桩间距对三桩基础水平极限土体抗力系数 N_p 的影响曲线（$\alpha=1$）

坏模式是怎样变化的。

由图 4-2 可知，当三桩基础内的三根桩靠在一起的时候（例如：$s/D=1.2$），三根桩联合中央土体发展成一个中央刚性区［图 4-2(a)］，从而形成一种周围土体围绕中部刚体做塑性流动的破坏模式。这种破坏形式对应了第 3 章中构建的破坏模式 A，同时也对应了图 4-1 中的阶段 A。当标准化桩间距 s/D 增大到 1.5 时，破坏模式开始发生了一些变化［图 4-2(b)］，中部刚体区的面积逐渐减小。当标准化桩间距更大时（例如：$s/D=3$），一种新的复合式的破坏模式［图 4-2(c)］形成：三根桩不再联合中央土体作为同一个刚体协同运动，而是各自带动一些周围的土体在局部形成菱形的刚性区。同时，中央土体内部形成了一系列塑性变形区并在该区域内产生了土体抗力，因而提高了三桩基础的水平极限土体抗力。该类复合式破坏形式则对应了第 3 章中构建的破坏模式 B，同时也对应了图 3-1 中的阶段 B。当桩间距继续增大超过 4.6D 时，三根桩之间的联系慢慢消失，而塑性滑动面也退化到单桩的破坏模式，如图 4-2(d) 所示。

另外，图 4-1 中的 N_p—s/D 曲线斜率的阶段性变化也可以通过三桩基础塑性滑动面样式的演化来解释：当标准化桩间距处在阶段 A 范围内时［图 4-2(a)］，破坏模式内的中央刚体区始终存在，标准化桩间距的增加会显著增大该刚体区的范围，因而会带动周围更多的土体做塑性流动，迅速提高土体抗力大小；当标准化桩间距处在阶段B范围内时［图4-2(c)］，虽然中央土体内产生的塑性变形区会增加基础的水平极限土体抗力，但由于桩之间的相互联系作用有所减弱，外围土体围绕基础做塑性流动产生的土体抗力有所削弱因而减缓了极限土体抗力系数 N_p 的增长速度。

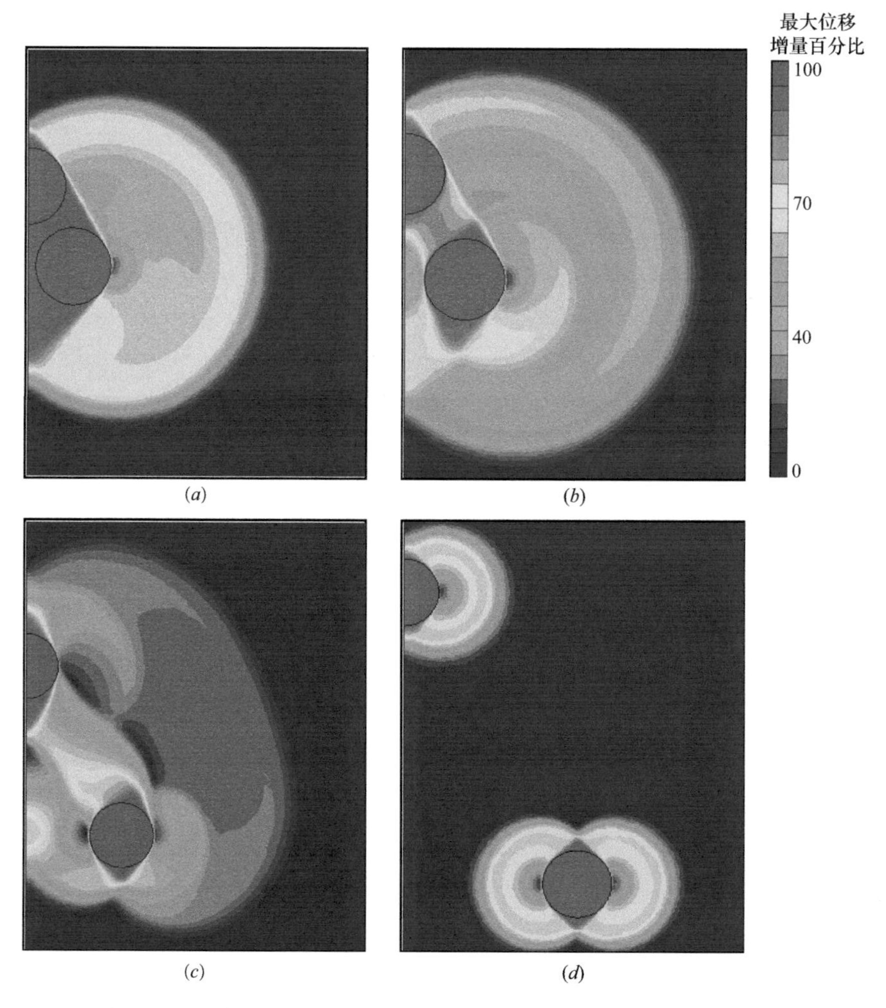

图4-2　不同标准化桩间距条件下三桩基础—土体的破坏模式（$\alpha=1$）

(a) $s/D=1.2$；(b) $s/D=1.5$；(c) $s/D=3$；(d) $s/D=5$

2. 桩—土黏结系数

对于埋置在土体介质内的结构物而言，结构物与土的接触表面的粗糙程度将会很大程度地影响土与结构之间的力学响应。而桩基作为最为常见的一种深埋土内的基础形式，其与土接触表面的黏结强度将会直接影响桩基的极限土体抗力大小。为了描述桩—土接触面上的强度力学性质，国内外的一些学者[112-115]引入了桩—土黏结系数的概念：桩—土黏结系数 α 是桩—土接触面的极限剪切强度 τ_f 与土体不排水剪切强度 s_u 的比值（即 $\alpha=\tau_f/s_u$）。前人[111,112,114,115,120]做了大量的工作去研究桩—土黏结系数 α 对单桩、双桩以及排桩水平极限土体抗力的影响，而下文将针对三桩基础进行该方面的研究工作。

图 4-3 呈现了对于标准化桩间距 s/D 从 1～5 的三桩基础，其水平极限土体抗力系数 N_p 随桩—土黏结系数 α 从 0 增长到 1 的变化曲线。

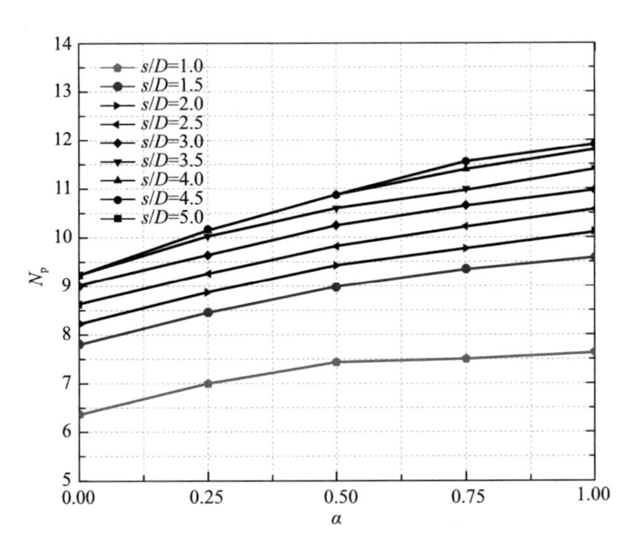

图 4-3　桩—土黏结系数对三桩基础水平极限土体抗力系数 N_p 的影响曲线

由图 4-3 中曲线可以看出，桩—土黏结系数 α 的大小对三桩基础极限土体抗力的大小有着显著的影响：总的来讲，桩—土黏结系数越大，桩的水平极限土体抗力系数就越高。而且该系数随桩—土黏结系数的增大并不是线性的，其增大速率随桩—土黏结系数的增加而减小，该现象尤其在小桩间距情况下更加明显。另外，对比标准化桩间距 $s/D=1.0$ 和 $s/D=5.0$ 的情况可以发现：相比小桩间距情况，大桩间距三桩基础的土体抗力系数对桩—土黏结系数 α 的变化更为敏感。对于标准化桩间距 $s/D=1.0$ 的情况，当 α 从 0 增长到 1 时，N_{p} 从 6.36 增长到 7.63，增长了 19%；而相对于标准化桩间距 $s/D=5.0$ 的情况，则增长了 30%。再者，对比标准化桩间距 $s/D=4.0$ 和 $s/D=5.0$ 的情况发现，两条曲线在桩—土黏结系数较小（$\alpha \leqslant 0.5$）时发生重叠，而在桩—土黏结系数变大时（$\alpha \geqslant 0.5$）发生分离。这是由于对于桩—土黏结系数较小的情况，群桩效应会在标准化桩间距 $s/D=4.0$ 之前就完全消失，此时的破坏模式就退化成单桩破坏模式，因此桩间距的增大不会带来承载力的提升而造成曲线的重叠。然而，对于桩—土黏结系数较大的情况，群桩效应会在标准化桩间距 $s/D=4.0$ 之后才完全消失，因此根据上一节得到的结论，标准化桩间距的增大仍可以一定程度提高三桩基础的极限土体抗力，进而发生了曲线的分离。

对于既定几何形式的三桩基础，桩—土黏结系数的变化不仅会改变极限土体抗力值的大小，还会影响破坏时基础周围土体的塑性流动样式。因此下文中将对比两类典型标准化桩间距情况下，对应不同桩—土黏结系数的基础—土体破坏模式图，从而更加直观地研究桩—土黏结系数的大小对三桩基础群桩效应的影响。

图 4-4 展示了两类典型三桩基础（标准化桩间距 $s/D=1.2$ 和 3）对应不同桩—土黏结系数（$\alpha=0$、0.5 和 1）时周围土体塑性流动破坏模式的变化。通过图 4-4(*a*)～图 4-4(*c*) 的对比，可以得到桩—土表面的黏结强度对小桩间距的三桩基础—土体破坏模式的影响规律；而通过［图 4-4(*d*)～图 4-4(*f*)］的对比，我们则可以得出桩—土表面的黏结强度对大桩间距的三桩基础—土体破坏模式的影响规律。

对于小桩间距的三桩基础［图 4-4(*a*)～图 4-4(*c*)］而言，当桩—土黏结系数变小时，三根桩与夹在中间的土体组成的中央刚性区的面积明显减小（当 $\alpha=0$ 时，该刚性区趋近消失），这导致由该刚性区带动做塑性流动的外围土体量也随之减少，因此水平极限土体抗力系数 N_{p} 降低。而对于大桩间距的三桩基础［图 4-4(*d*)～图 4-4(*f*)］而言，当桩—土黏结系数变小时，三根桩之间的相互联系明显减弱，这主要体现在外围土体塑性流动样式的变化：当 $\alpha=1$ 或 0.5 时，外围土体中存在从前排桩延伸到后排桩的塑性流动带；而当 $\alpha=0$ 时，全局的塑性流动带消失，取而代之的是绕桩流动的局部塑性区。正因为这样，外围做塑性流动土体的体积量明显减少，从而导致了水平极限土体抗力系数 N_{p} 的降低。

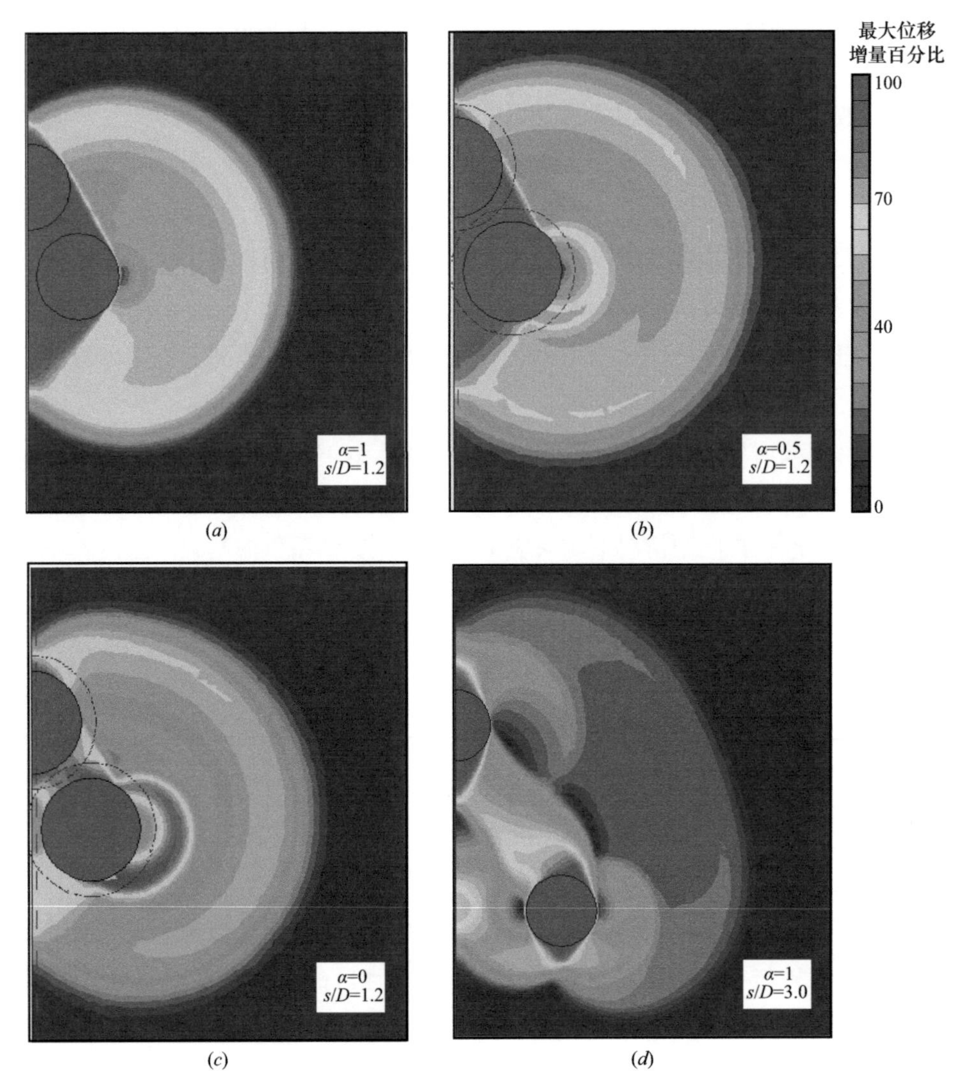

图 4-4 不同桩—土黏结系数条件下三桩基础—土体的破坏模式（一）

(*a*) $\alpha=1$ 且 $s/D=1.2$；(*b*) $\alpha=0.5$ 且 $s/D=1.2$；(*c*) $\alpha=0$ 且 $s/D=1.2$；(*d*) $\alpha=1$ 且 $s/D=3$；

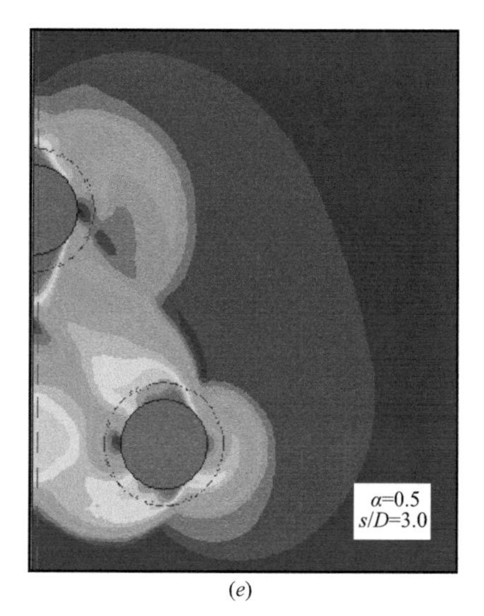

(e)

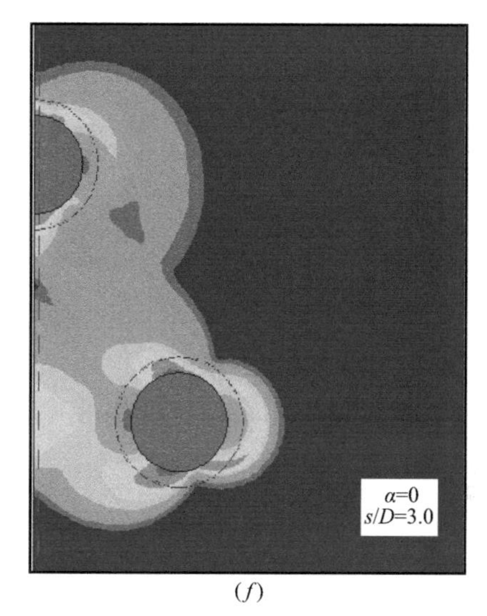

(f)

图 4-4　不同桩—土黏结系数条件下三桩基础—土体的破坏模式（二）

(e) $\alpha=0.5$ 且 $s/D=3$；(f) $\alpha=0$ 且 $s/D=3$

上节讨论桩间距对三桩基础水平极限土体抗力的影响时仅考虑了桩—土黏结系数 $\alpha=1$ 的情况（即桩—土界面的剪切强度等于土体的不排水剪切强度）。下面将考虑桩—土黏结系数小于 1 的情况，探讨桩—土黏结系数对三桩基础 N_p—s/D 曲线的影响。

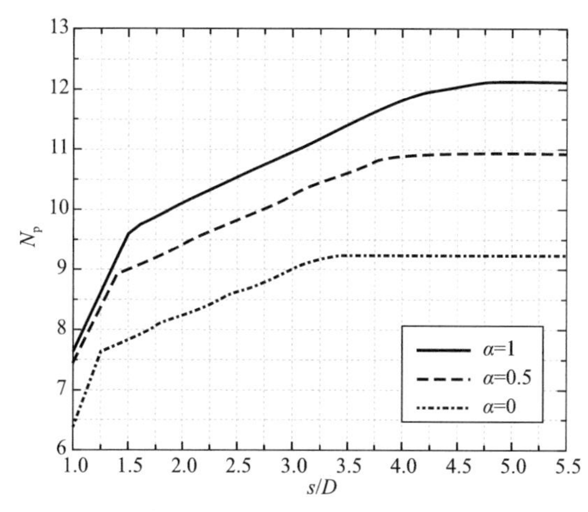

图 4-5　对应不同桩—土黏结系数三桩基础的 N_p—s/D 曲线

图 4-5 给出了对应桩—土黏结系数 $\alpha=0$、0.5 和 1 时，三桩基础的水平极限土体抗力系数 N_p 随标准化桩间距 s/D 从 1 变化到 5.5 的曲线。很显然，对于任意桩—土黏结系数值，水平极限土体抗力系数 N_p 均随标准化桩间距 s/D 的增大而增大，且该系数的增长根据其速率可分为两个阶段（阶段 A 和阶段 B，具体详见 4.2.1 小节）。然而，这两个阶段对应标准化桩间距的范围却是受桩—土黏结系数 α 影响的（图 4-5）。为便于描述，把从阶段 A 过渡到阶段 B 所对应的分界桩间距设为 s_{ab}（标准化形式为 s_{ab}/D），把从阶段 B 过渡到单桩破坏阶段所对应的分界桩间距设为 s_{bs}（标准化形式为 s_{bs}/D）。当桩—土黏结系数 α 减小时，桩与周围土体之间的黏结强度减小，从而削弱了桩与桩之间的相互影响，因此分界桩间距 s_{ab} 和 s_{bs} 会随之减小，其具体数值可见表 4-1。另外，桩—土黏结系数 α 的减小也会影响极限土体抗力系数对标准化桩间距变化的敏感性。当 $\alpha=1$ 时，与不考虑群桩效应的单桩土体抗力系数（最大土体抗力系数值）相比，标准化桩间距 $s/D=1$ 对应的土体抗力系数值下降了 36%。而对于 $\alpha=0$ 的情况，与最大土体抗力值相比，标准化桩间距 $s/D=1$ 对应的土体抗力系数值则下降了 30%。这个现象也体现了桩—土黏结系数减小对群桩效应的削弱作用。

三桩基础标准化分界桩间距随桩—土黏结系数的变化　　表 4-1

α	s_{ab}/D	s_{bs}/D
0	1.25	3.38
0.5	1.38	3.95
1	1.50	4.60

3. 荷载方向角

上文的一些分析和讨论都是建立在荷载作用方向沿 y 轴正方向的假设条件下的，忽略了荷载作用方向角 θ 对三桩基础水平极限土体抗力系数 N_p 的影响。然而，荷载作用方向沿 y 轴正方向（即 $\theta=0°$）是一种特殊的荷载工况，在实际工程设计中，外部环境产生的水平外荷载（对于海洋岩土工程有风荷载、波浪荷载以及地震荷载等）的作用方向是未知的，因此讨论荷载作用方向对三桩土体抗力系数的影响并找出荷载作用方向角 θ 最危险的情况是十分有必要的。下文将继续借助位移有限元分析方法对该影响因素进行分析讨论。

需要注意的是，当荷载的作用方向不沿着三桩基础的几何对称轴，即荷载作用方向角 θ 不等于 60°倍数的时候（图 4-6），该问题在力学性质上将不再是轴对称的。因此，在位移有限元分析过程当中，需要重新建立一个完整的包含三根桩的有限元模型。在该模型中，除单元数量大大增加（共含有 8900 个 15 节点的三角形单元）以外，大部分的几何参数和材料参数都与之前建立的轴对称模型一致，具体参数值可见 3.3.2 小节相关的描述，在这里将不再赘述。

由三桩基础模型的几何对称性可知（图 4-6），模型中共有三条对称轴，因此考虑荷载作用方向角的影响时仅需要考虑 $0° \leqslant \theta \leqslant 60°$ 的情况。另外，通过初步的数值计算分析得知，荷载作用方向的正反（例如：$\theta = 0°$ 和 180°）对水平极限土体抗力系数 N_p 的影响微乎其微：表 4-2 中一共给出了 12 组关于不同标准化桩间距（$s/D = 1.2$ 和 3）以及桩—土黏结系数（$\alpha = 0$、0.5 和 1）条件下的数值对比结果，发现对应荷载作用角 $\theta = 0°$ 和 180°或 $\theta = 15°$ 和 195°的 N_p 之间的最大差异均不超过 0.4%。

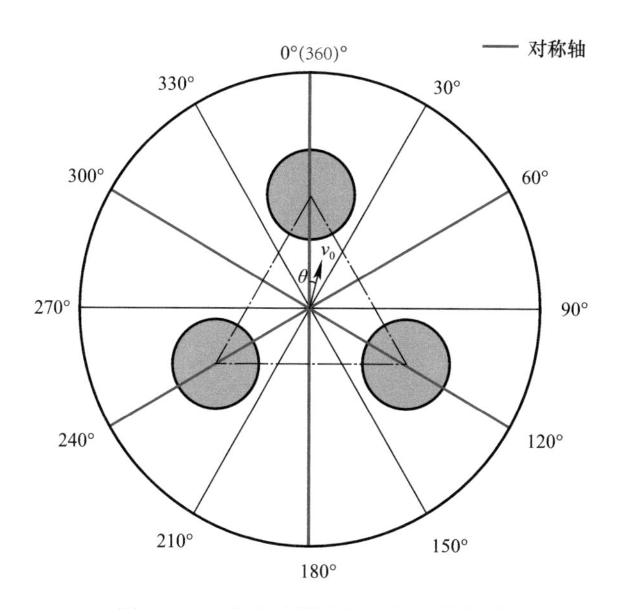

图 4-6　三桩基础模型的几何对称关系

通过对比 $\theta=0°$和 $\theta=180°$时周围土体的破坏模式（以 $s/D=1.2$ 且 $\alpha=1$ 为例，如图 4-7 所示），也会发现荷载方向的正反虽然改变了周围土体塑性流动的方向但并没有改变其破坏形式［比较图 4-7(*b*) 和图 4-7(*d*)］，这进一步佐证了水平极限土体抗力系数的大小对荷载作用方向的正反并不敏感的结论。因此综合以上对基础几何对称性的描述以及初步数值分析的结果可知，接下来讨论荷载作用方向角对 N_p—s/D 曲线影响的时候仅需要考虑 $0\leqslant\theta\leqslant30°$的情况即可。

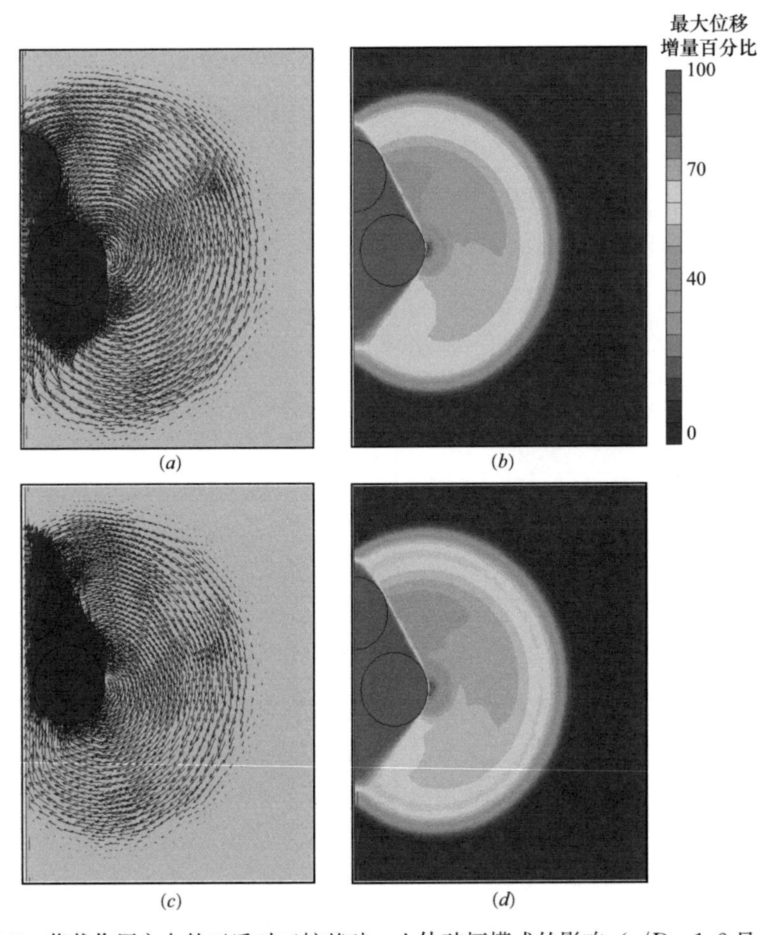

图 4-7　荷载作用方向的正反对三桩基础—土体破坏模式的影响（$s/D=1.2$ 且 $\alpha=1$）

（*a*）荷载作用方向沿 *y* 轴负方向的位移增量箭矢图；（*b*）荷载作用方向沿 *y* 轴负方向的位移增量云图；（*c*）荷载作用方向沿 *y* 轴正方向的位移增量箭矢图；（*d*）荷载作用方向沿 *y* 轴正方向的位移增量云图

图4-8展示了对于桩—土黏结系数 $\alpha=0$、0.5、1的三桩基础，对应荷载方向角 $\theta=0°$、15°和30°的水平极限土体抗力系数 N_p 随标准化桩间距 s/D 在1～5.5之间变化的曲线。可以明显看出，对于所有桩—土界面强度和标准化桩间距情况下的水平极限土体抗力系数 N_p 对荷载的作用方向均不敏感，而且在大多数情况下，对应荷载方向角 $\theta=0°$ 的水平极限土体抗力系数也是最保守的。只有当桩—土黏结系数 $\alpha=0$ 时，水平极限土体抗力系数对应荷载方向角 $\theta=15°$ 的值略小于 $\theta=0°$ 的值，但两者的差距非常微弱几乎可以忽略不计。因此，当考虑荷载作用方向对三桩基础进行设计的时候，可粗略认为荷载方向角 $\theta=0°$ 为最危险的情况。

荷载作用方向的正反对三桩水平极限土体抗力系数 N_p 的影响　　表4-2

	θ	小桩间距情况（$s/D=1.2$）		大桩间距情况（$s/D=3$）	
		N_p	相对误差	N_p	相对误差
$\alpha=1$	0°	8.445	0.23%	10.952	0.08%
	180°	8.425		10.961	
	15°	8.536	0.09%	11.156	0.12%
	195°	8.544		11.142	
$\alpha=0.5$	0°	8.159	0.16%	10.247	0.05%
	180°	8.146		10.253	
	15°	8.232	0.09%	10.321	0.06%
	195°	8.239		10.315	
$\alpha=0$	0°	7.358	0.23%	9.015	0.19%
	180°	7.341		9.032	
	15°	7.223	0.08%	8.958	0.37%
	195°	7.229		8.924	

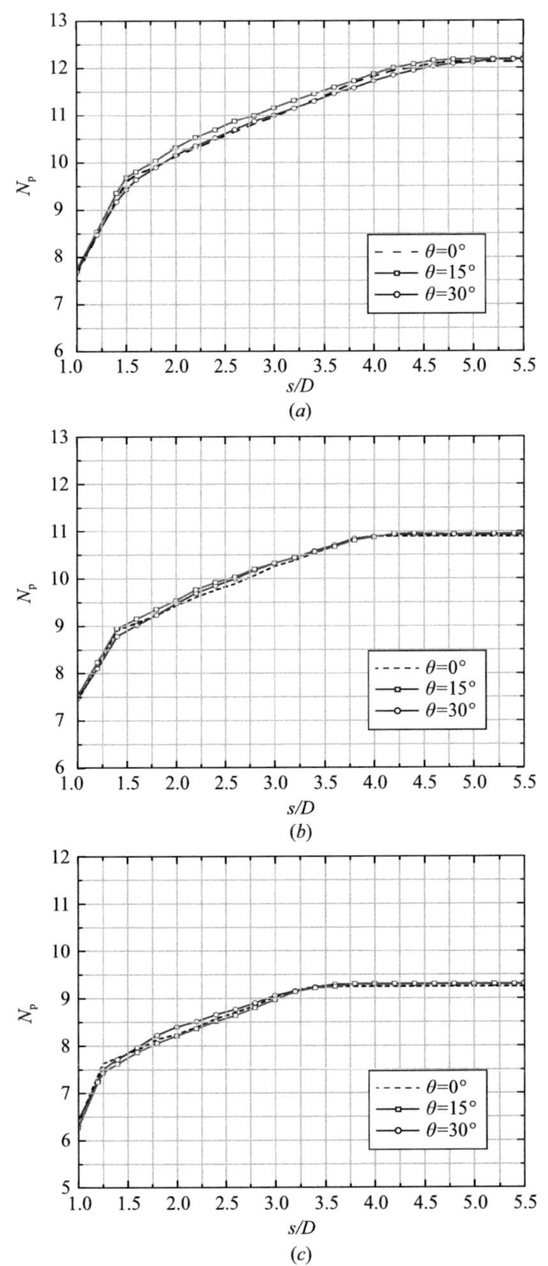

图 4-8　荷载方向角 θ 对三桩基础 N_p—s/D 曲线的影响

(*a*) $\alpha=1$；(*b*) $\alpha=0.5$；(*c*) $\alpha=0$

4.2.2　四桩基础深层水平极限土体抗力影响因素分析

1. 桩间距

四桩基础的水平极限土体抗力系数 N_p 同样也会受到桩的直径 D 和桩间距 s 的影响。接下来笔者将以四桩基础为研究对象，借助位移有限元方法，在控制其他影响因素（桩—土黏结系数等）保持不变的条件下仅改变桩间距的大小，探究四桩基础几何形式的变化对水平承载力系数以及周围土体塑性流动样式的影响。

图4-9展示了当桩—土黏结系数 $\alpha=1$ 且荷载作用方向角 $\theta=0°$ 时四桩基础的水平极限土体抗力系数 N_p 随标准化桩间距 s/D 在1～5.5之间变化的曲线。

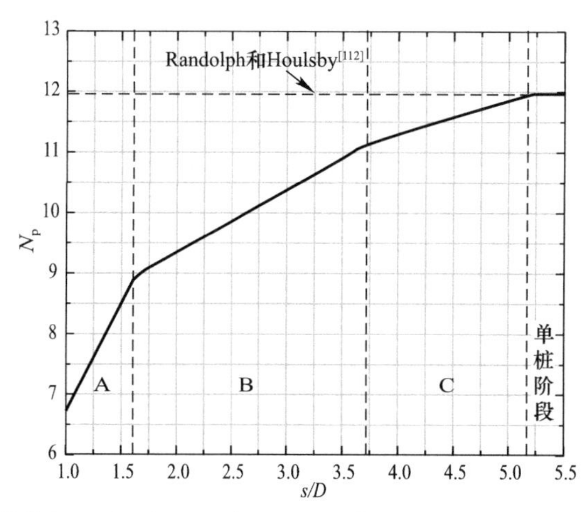

图4-9　标准化桩间距对四桩基础水平极限土体抗力系数 N_p 的影响曲线（$\alpha=1$）

从图4-9中可以观察到，总的来讲四桩基础的水平极限土体抗力系数 N_p 随标准化桩间距 s/D 的增加有显著的增加：在标准化桩间距 $s/D=1$ 时，即四根桩贴在一起时，水平极限土体抗力系数 N_p 的值最小，为6.713。此时桩与桩之间的相互影响作用对水平极限土体抗力系数的削弱是最明显的，与Randolph和Houlsby得到的理论单桩水平极限土体抗力系数值11.94[112]相比，下降了约44%。随着标准化桩间距的不断增大，四桩基础的水平极限土体抗力系数也不断增加并在标准化桩间距 s/D 达到5.2时达到峰值11.951，而之后标准化桩间距的增大将不再影响水平极限土体抗力的大小。值得注意的是，该峰值的大小与理论的单桩水平极限承载力系数值（11.94）很接近，这又一次证明了位移有限元分析得到结果的准确性。另外可以明显看出，根据曲线斜率的不同，标准化桩间距 s/D 增大对土体抗力系数 N_{p} 的提高作用大致可以分为三个线性的增长阶段（阶段 A、阶段 B 和阶段 C）。其中，当 $1 \leqslant s/D \leqslant 1.65$ 时（阶段 A），土体抗力系数随标准化桩间距变化曲线的斜率为 3.609；当 $1.65 \leqslant s/D \leqslant 3.7$ 时（阶段 B），土体抗力系数随标准化桩间距变化曲线的斜率为 1.058；而当 $3.7 \leqslant s/D \leqslant 5.2$ 时（阶段 C），土体抗力系数随标准化桩间距变化曲线的斜率为 0.703。

图 4-10 展现了在桩—土黏结系数 $\alpha=1$ 且荷载作用方向角 $\theta=0°$ 的情况下，对应标准化桩间距 s/D 从 1.2 增长到 5.5 的四桩基础周围土体破坏模式的变化。

由图 4-10 可知，对于桩间距很小的四桩基础（例如：$s/D=1.2$），被四根桩围住的中央土体与四根桩一起发展成一个六边形的中央刚性区［图 4-10(a)］，从而形成了刚性区带动周围土体做塑性反向流动的破坏模式。这种破坏模式对应了第 3 章中构建的小桩间距四桩破坏模式，同时也对应了图 4-9 中的阶段 A。当标准化桩间距 s/D 增大到 1.7 时，由于桩间距变大的缘故，六边形的中央刚性区开始消失［图 4-10(b)］，桩体渐渐失去了对中部土体的绝对控制，这部分土域内开始形成一些移动方向与桩体移动方向相反的塑性流动区并在这些区域内产生了土体抗力，因而提高了四桩基础的水平极限土体抗力。而随着桩间距的继续增加（例如：$s/D=2.5$），中央土体的塑性流动逐渐趋于稳定，反向的塑性流动区变成了一个规则的六边形，一种围绕条形刚性区塑性流动的破坏模式逐步形成［图 4-10(c)］。该类破坏模式对应了第 3 章中构建的中桩间距四桩破坏模式，同时也对应了图 4-9 中的阶段 B。当桩间距超过 $3.7D$ 时，虽然中央塑性区面积的增大会继续提高基础的极限土体抗力，但由于条形刚性区内的两根桩之间的联系开始弱化［图 4-10(d)］，其右侧的扇形流动区逐渐消失，最终将会形成第三类破坏模式，如图 4-10(e) 所示。在该破坏模式中基础外围整体的塑性流动区消失，取而代之的是两个围绕桩体的局部扇形流动区。很显然它与第 3 章中构建的大桩间距四桩破坏模式相对应，同时也与图 4-9 中的阶段 C 相对应。当标准化桩间距大到一定程度的时候（例如：$s/D=5.5$），群桩效应将会完全消失，四根桩周围的土体各自形成了独立完整的塑性破坏面，从而基础的破坏模式也退化到单桩式，如图 4-10(f) 所示。

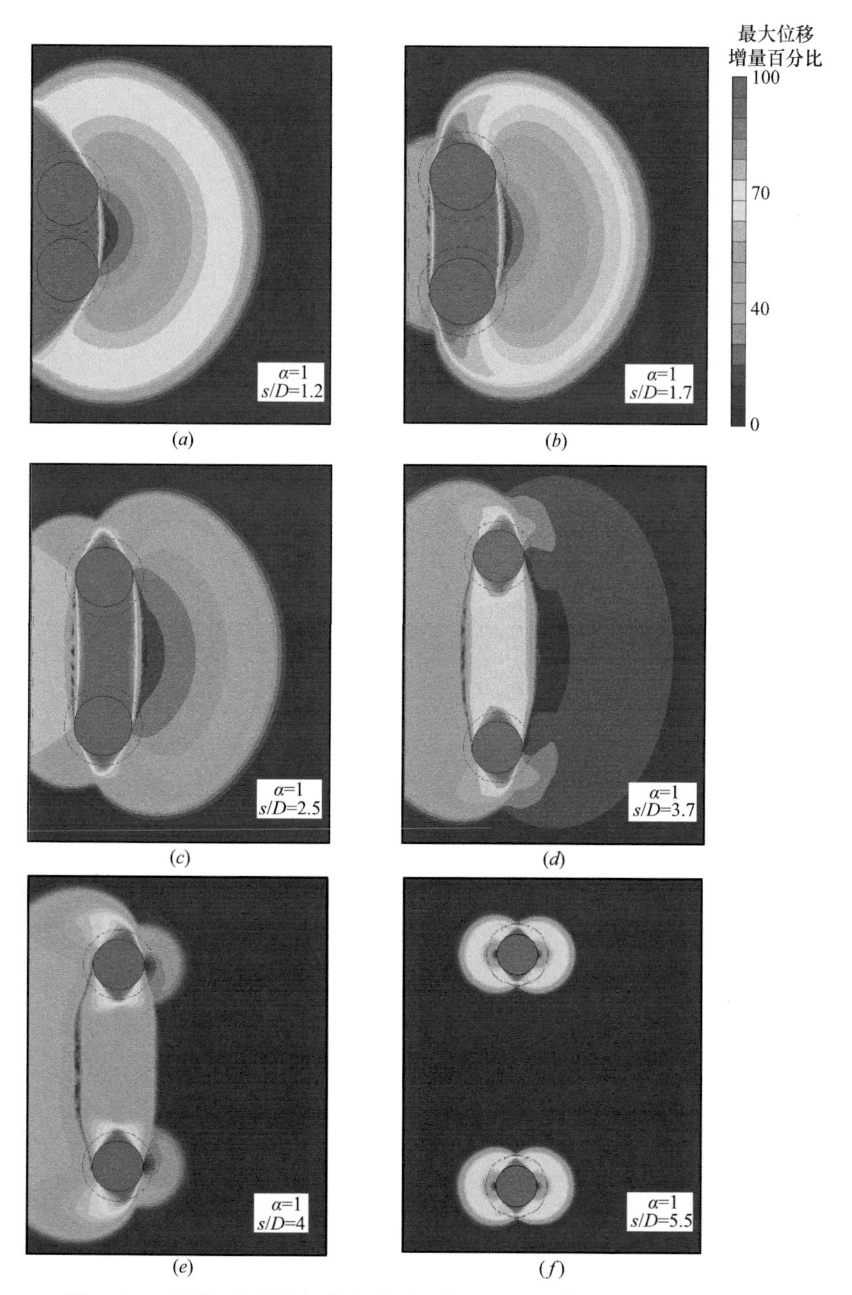

图 4-10　不同标准化桩间距条件下四桩基础—土体的破坏模式（$\alpha=1$）

(a) $s/D=1.2$；(b) $s/D=1.7$；(c) $s/D=2.5$；(d) $s/D=3.7$；(e) $s/D=4$；(f) $s/D=5.5$

另外，四桩基础水平极限土体抗力系数 N_p 随标准化桩间距 s/D 的分段性增长也可以通过周围土体的破坏模式的演化来解释：当标准化桩间距处在阶段 A 范围内时［图 4-10(a)］，破坏模式中央的六边形刚体区始终存在，标准化桩间距的增加会显著增大六边形刚体区的体积，因而带动周围土体的体积量也会明显增加，从而迅速提高了基础的极限土体抗力；当标准化桩间距处在阶段 B 范围内时［图 4-10(c)］，虽然中央土体内产生的反向塑性流动区会进一步提高基础的极限土体抗力大小，但此阶段内标准化桩间距增加对刚性土体体积的增大作用不再那么显著，因此外围土体内抗力的增加速率有所减缓；而标准化当桩间距处在阶段 C 范围内时［图 4-10(e)］，桩之间的相互联系会逐渐减弱，基础极限土体抗力的提升更多依赖于中部土体塑性区面积的增加，因而进一步减缓了 N_p 的增长速率。

2. 桩—土黏结系数

学者们通常通过桩—土黏结系数 α 来表征桩—土接触面上极限剪切强度的大小。桩—土黏结系数的取值范围是 0～1，分别表示了接触面上的剪切强度值从 0（$\alpha=0$）到与土体的不排水强度相同（$\alpha=1$）的情况。下面笔者将通过位移有限元分析研究桩—土黏结系数 α 对四桩基础水平极限土体抗力的影响规律。

图 4-11 呈现了对应标准化桩间距 s/D 从 1～5.5 的四桩基础水平极限土体抗力系数 N_p 随桩—土黏结系数 α 从 0 增长到 1 的变化曲线。从图中可以看出，桩—土接触面上的强度对四桩基础水平极限土体抗力的大小有明显的影响：总的来讲，桩—土黏结系数越大，四桩基础的极限土体抗力系数就越高。而且该系数的增长不是线性的，其增长的速率随桩—土黏结系数的增大而减小。另外，对比桩间距较小的情况，桩间距较大的四桩基础的水平极限土体抗力系数对 α 的变化更为敏感。对于标准化桩间距 $s/D=1.0$ 的情况，当 α 从 0 增长到 1 时，四桩基础的水平极限土体抗力系数 N_p 从 6.203 增长到 6.714，增长了 8.2%；而对比标准化桩间距 $s/D=5.5$ 的情况，N_p 从 9.219 增长到 11.951，则增长了 29%。再者，对比标准化桩间距 s/D 较大时的情况（$s/D\geqslant4$）发现，曲线在桩—土黏结系数较小时发生重叠，而在桩—土黏结系数变大时发生分离。这是由于对于桩—土黏结系数较小的四桩基础，桩与桩之间的相互作用效应会在较小的桩间距情况下就完全消失，此时四桩周围土体的破坏模式就退化成各自独立的单桩破坏模式，因此之后桩间距的增大不会

再改变破坏面的形状，极限状态下的水平极限土体抗力大小趋于稳定，曲线重叠。然而，对于桩—土黏结系数较大的情况，桩与桩之间的相互联系更加紧密，群桩效应需要在更大的桩间距情况下才会消失，此时桩间距的增大仍会一定程度提高四桩基础水平极限土体抗力系数的大小，从而发生了曲线的分离。

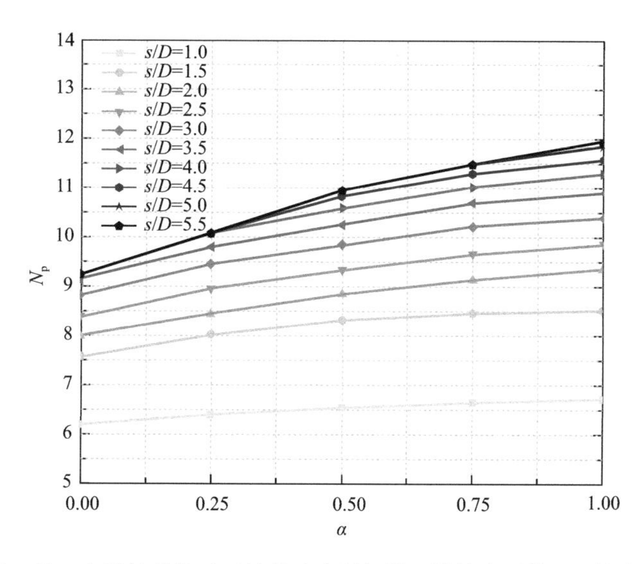

图4-11　桩—土黏结系数对四桩基础水平极限土体抗力系数 N_p 的影响曲线

对于既定几何形式的四桩基础，桩—土黏结系数的变化不仅会影响基础水平极限土体抗力的大小，还会改变桩周土体潜在的破坏模式。在对比不同桩间距条件下，对应不同桩—土黏结系数的破坏模式图，从而更加直观地分析桩—土黏结系数的大小对四桩基础群桩效应的影响。

图4-12和图4-13展示了不同标准化桩间距条件（标准化桩间距 $s/D=1.2$、1.5、3和4.5）的四桩基础，对应桩—土表面黏结系数 $\alpha=0$、0.5和1时的基础—土体破坏模式的变化。通过对比图4-12(a)～图4-12(c)（$s/D=1.2$）或图4-12(d)～图4-12(f)（$s/D=1.5$），可以得到桩—土表面的黏结强度对小间距四桩基础周围土体破坏模式的影响规律；而对比图4-13(a)～图4-13(c)（$s/D=3$）或图4-13(d)～图4-13(f)（$s/D=4.5$），则可以分别得到桩—土表面的黏结强度对中间距和大间距的四桩基础周围土体破坏模式的影响规律。

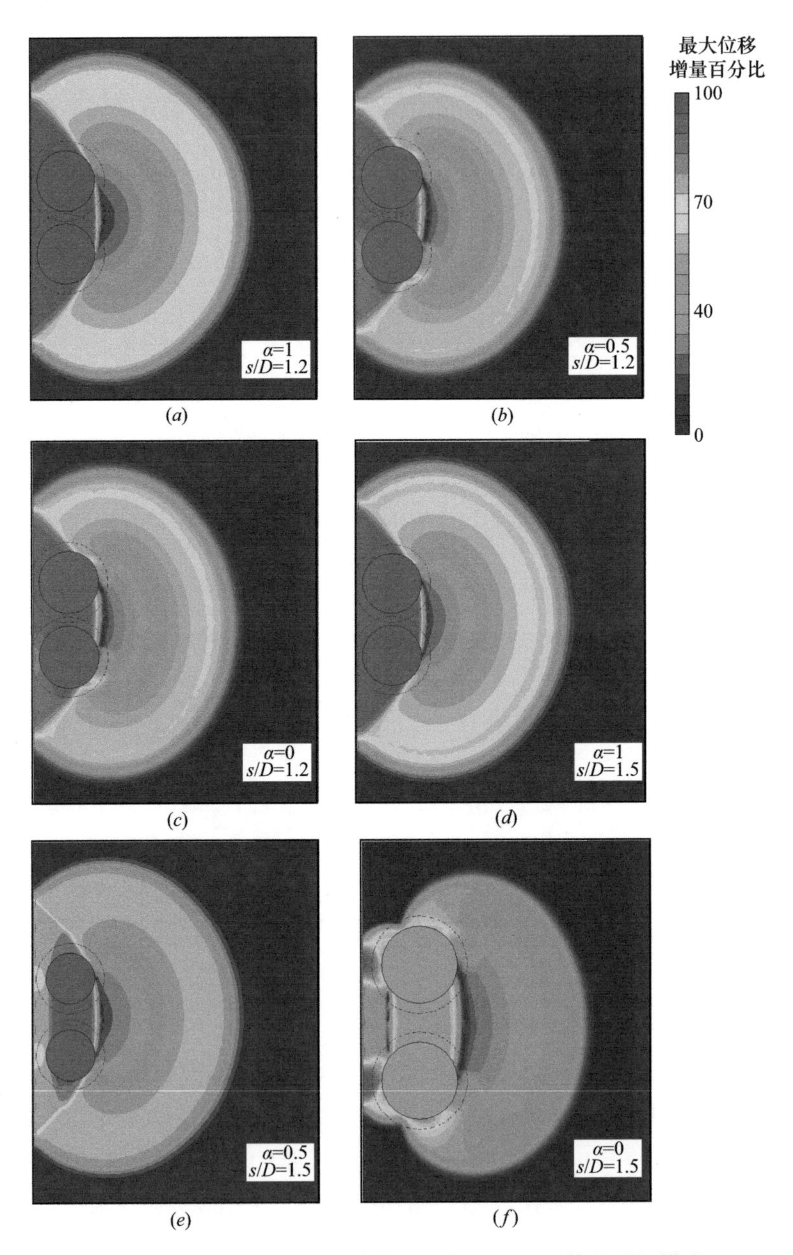

图 4-12　不同桩—土黏结系数条件下四桩基础—土体的破坏模式（1）

(a) $\alpha=1$ 且 $s/D=1.2$；(b) $\alpha=0.5$ 且 $s/D=1.2$；(c) $\alpha=0$ 且 $s/D=1.2$；(d) $\alpha=1$ 且 $s/D=1.5$；(e) $\alpha=0.5$ 且 $s/D=1.5$；(f) $\alpha=0$ 且 $s/D=1.5$

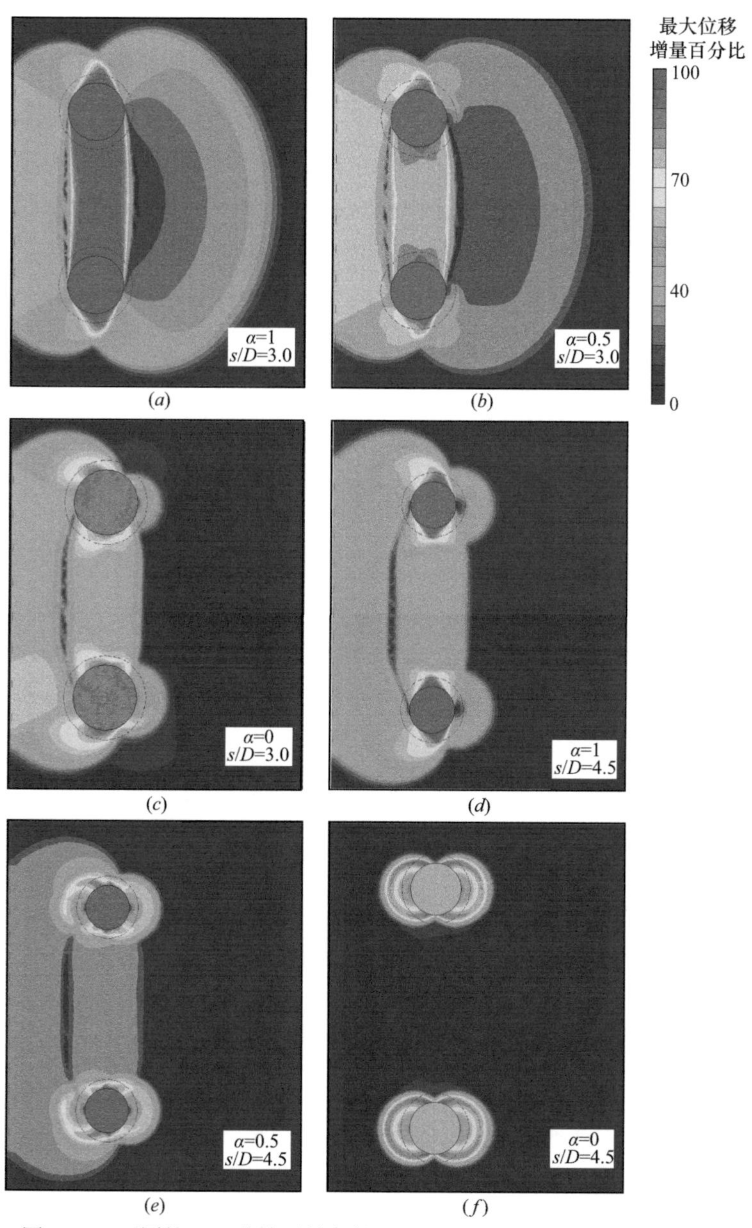

图4-13　不同桩—土黏结系数条件下四桩基础—土体的破坏模式（2）

（a）$\alpha=1$ 且 $s/D=3$；（b）$\alpha=0.5$ 且 $s/D=3$；（c）$\alpha=0$ 且 $s/D=3$；

（d）$\alpha=1$ 且 $s/D=4.5$；（e）$\alpha=0.5$ 且 $s/D=4.5$；（f）$\alpha=0$ 且 $s/D=4.5$

对于小桩间距四桩基础（图 4-12）而言，当桩—土黏结系数变小时，桩体与中央土体一起组成的六边形刚性区的面积明显减小。特别是对于标准化桩间距 $s/D=1.5$ 的情况［图 4-12(d)～图 4-12(f)］，可以明显观察到六边形刚性区随桩—土黏结系数的减小逐渐消失的过程。这进而导致了刚性区周围土体内塑性区体积的减小，因此四桩基础的水平极限土体抗力系数 N_p 也随之降低。而对于中大桩间距的四桩基础（图 4-13）而言，当桩—土黏结系数变小时，桩与桩之间的相互联系明显减弱：对于标准化桩间距 $s/D=3$ 的情况［图 4-13(a)～图 4-13(c)］，随着桩—土黏结系数的减小，条形刚性区内的刚性土体和右侧塑性流动的土体逐渐减少，当 $\alpha=0$ 时，整体的刚性区和右侧塑性区已经消失；而对于标准化桩间距 $s/D=4.5$ 的情况［图 4-13(d)～图 4-13(f)］，随着桩—土黏结系数的减小，中央土体内的塑性流动也会有类似削弱的趋势，当 $\alpha=0$ 时，桩与桩之间土体的塑性流动会完全消失。也正因为这样导致了水平极限土体抗力系数 N_p 的持续降低。

之前讨论桩间距对四桩基础水平极限土体抗力大小的影响时仅考虑了桩—土黏结系数 $\alpha=1$ 的情况。下文将进一步讨论桩—土黏结系数 $\alpha<1$ 的情况，探讨桩—土界面强度削弱对 N_p—s/D 曲线的影响。

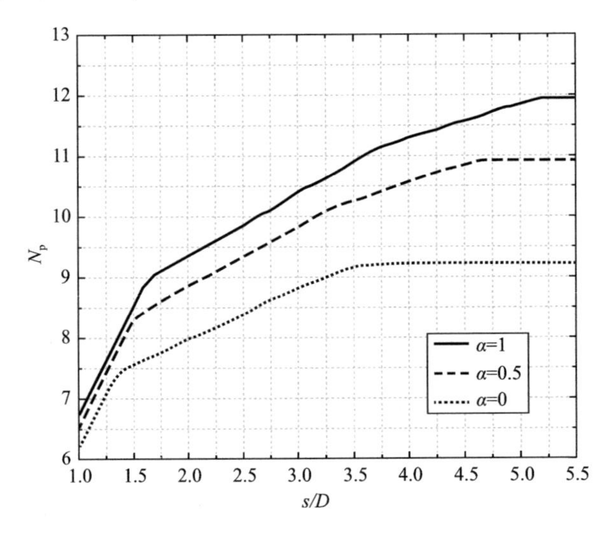

图 4-14　对应不同桩—土黏结系数四桩基础的 N_p—s/D 曲线

图4-14给出了对应桩—土黏结系数$\alpha=0$、0.5和1时，四桩基础的水平极限土体抗力系数N_p随标准化桩间距s/D从1～5.5的变化曲线。很显然，对于桩—土黏结系数$\alpha<1$的情况（$\alpha=0$或0.5），四桩基础的水平极限土体抗力系数N_p随标准化桩间距s/D的变化规律与$\alpha=1$时的规律相同：随着标准化桩间距s/D的增大，N_p持续增长且其增长过程根据曲线的增长斜率可分为的三个阶段（阶段A、阶段B和阶段C）。然而，各阶段对应的标准化桩间距的范围却是受桩—土黏结系数α的影响的（图4-14）。为了描述方便，把从阶段A过渡到阶段B所对应的分界桩间距设为s_{ab}（标准化形式为s_{ab}/D），把从阶段B过渡到阶段C所对应的分界桩间距设为s_{bc}（标准化形式为s_{bc}/D），把从阶段C过渡到单桩破坏阶段所对应的分界桩间距设为s_{cs}（标准化形式为s_{cs}/D）。总体上看，当桩—土黏结系数α减小时，由于桩与周围土体之间的黏结强度减小，削弱了四桩基础的群桩效应，从而导致分界桩间距s_{ab}、s_{bc}和s_{cs}的减小，具体数值可参看表4-3。除此之外，桩—土接触面强度的减弱也会明显影响极限土体抗力值对四桩基础几何形式（桩间距）变化的敏感性。当$\alpha=1$时，与不考虑群桩效应的单桩水平极限土体抗力系数（最大抗力系数值）相比，标准化桩间距$s/D=1$对应的极限土体抗力系数值降低了43.8%。而对于$\alpha=0$的情况，与最大抗力系数值相比，标准化桩间距$s/D=1$对应的极限土体抗力系数值仅降低了32.6%。这从另一个侧面也体现了桩—土黏结系数减小对基础群桩效应的削弱作用。

四桩基础标准化分界桩间距随桩—土黏结系数的变化　　表4-3

α	s_{ab}/D	s_{bc}/D	s_{cs}/D
0	1.45	2.75	3.50
0.5	1.55	3.35	4.60
1	1.65	3.75	5.20

3. 荷载方向角

与三桩基础的受力特征一样，在实际工程中，外部环境作用在基础上的水平荷载的加载方向通常是未知的，因此在多桩基础设计中，往往需要找到荷载作用最危险的角度方向。然而在之前有关四桩基础的研究当中，假定了水平外荷载方

向沿 y 轴正方向的情况。因此接下来将进一步讨论荷载作用方向角 θ 对四桩基础水平极限土体抗力的影响并找出最危险的加载方向。

首先需要说明的是，当考虑荷载作用方向的影响时，四桩基础的水平受荷问题将不再是一个轴对称问题。因此在位移有限元分析当中，将不能再用之前的轴对称模型进行模拟，需要重新建立一个包含所有桩体的有限元模型。这个模型中单元的数量从轴对称模型的 2300 个增加到 4900 个，而其他几何参数以及材料参数的设置都与轴对称模型相同，具体参数的取值可以参看表 3-1。另外，二维平面应变条件下的四桩基础模型一共含有 4 条对称轴，因此研究荷载方向角 θ 的影响时仅需要考虑 $0° \leqslant \theta \leqslant 45°$的情况即可。

图 4-15 展示了桩—土黏结系数 $\alpha=0$、0.5、1 的四桩基础，对应荷载方向角 $\theta=0°$、10°、30°和 45°的水平极限土体抗力系数 N_p 随标准化桩间距 s/D 在 1～5.5 之间变化的曲线。可以从图中明显看出，荷载方向的改变不会影响水平极限土体抗力系数 N_p 随标准化桩间距的变化规律：对于任意方向的荷载工况都可以观察到，水平极限土体抗力系数 N_p 会随着标准化桩间距的增加呈三段式增长，并在标准化桩间距足够大时达到峰值（即单桩极限土体抗力值）。然而值得注意的是，对于桩—土接触面强度不同（α 不同）的四桩基础，荷载作用方向对极限土体抗力系数的影响规律是不同的：当 $\alpha=1$ 时，四桩基础的极限土体抗力大小随荷载方向角的增大而增大，在 $\theta=45°$时达到最大值；当 $\alpha=0$ 时，规律正好相反，四桩基础的极限土体抗力大小随荷载方向角的增大而减小，在 $\theta=45°$时达到最小值；而当 $\alpha=0.5$ 时，规律是过渡性的，对于小桩间距情况，极限土体抗力系数随荷载方向角的增大而减小，在 $\theta=45°$时达到最小值，但对于大桩间距情况极限土体抗力系数随荷载方向角的增大而增大，在 $\theta=45°$时达到最大值。这样的现象说明了对应荷载方向角更大的四桩基础的极限土体抗力对桩—土黏结系数的降低更为敏感。因此对于不同桩—土界面性质的四桩基础最危险的加载方向是不同的：桩—土接触面完全粗糙的四桩基础（$\alpha=1$）最危险的加载方向是 $\theta=0°$，而桩—土接触面完全光滑的四桩基础（$\alpha=0$）最危险的加载方向是 $\theta=45°$。

这些规律可以进一步通过基础周围土体破坏模式的改变来解释。以标准化桩间

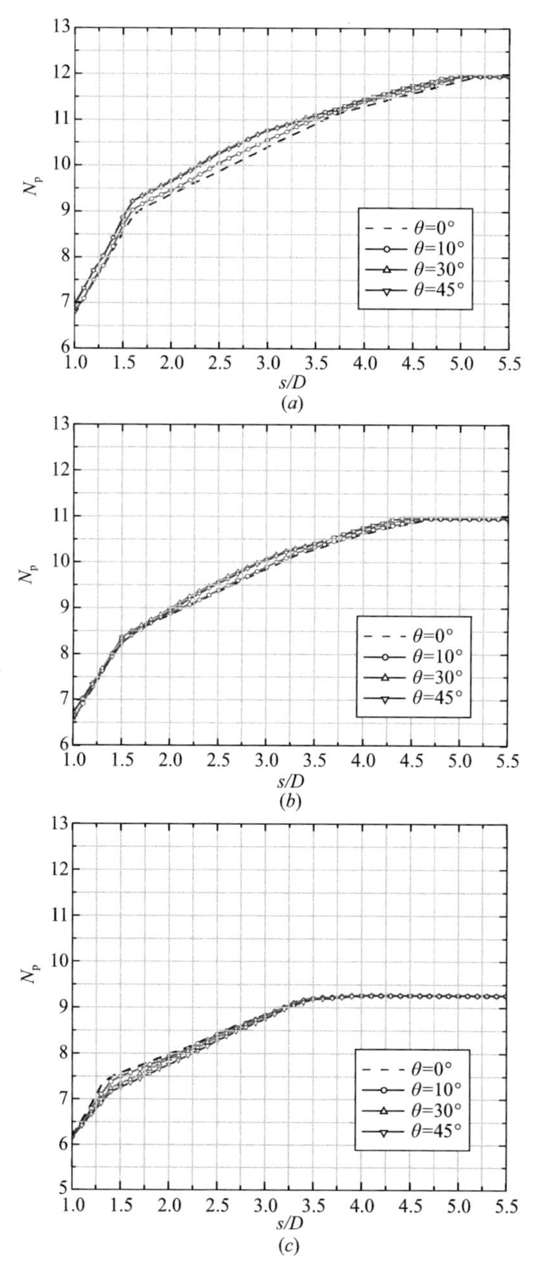

图4-15　荷载方向角 θ 对四桩基础 N_p—s/D 曲线的影响

(a) $\alpha=1$；(b) $\alpha=0.5$；(c) $\alpha=0$

距 $s/D=2.5$ 为例，图 4-16 呈现了关于不同桩—土黏结系数（$\alpha=1$ 和 0）的四桩基础，荷载方向角的变化对基础—土体破坏模式的影响。对比图 4-16(a)、图 4-16(b) 可知，对于桩—土接触面强度较大的四桩基础（$\alpha=1$），荷载方向角度的增大会加宽垂直于基础位移方向的桩间距，从而带动周围更多的上体形成更大面积的塑性区，因而提高了基础的极限土体抗力值。而对比图 4-16(c)、图 4-16(d) 可知，由于桩—土界面强度的降低（例如 $\alpha=0$），基础带动周围土体运动的能力也随之降低，而此时荷载方向角的增大不利于外围形成完整的塑性区，四桩基础的水平极限土体抗力也随之降低。

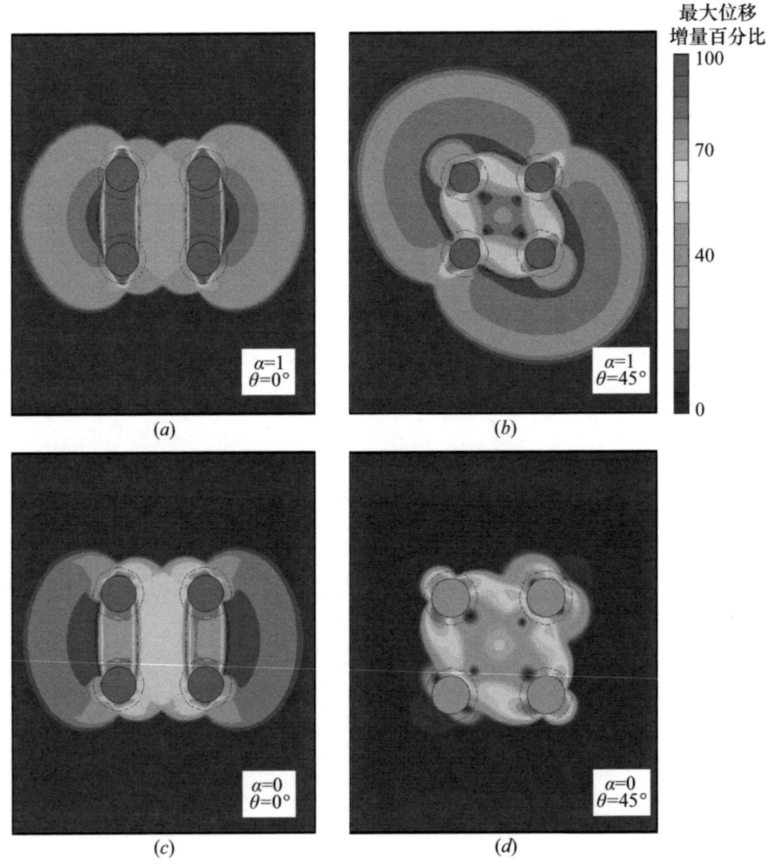

图 4-16　荷载方向角 θ 对四桩基础—土体破坏模式的影响（$s/D=2.5$）

（a）$\theta=0°$且 $\alpha=1$；（b）$\theta=45°$且 $\alpha=1$；（c）$\theta=0°$且 $\alpha=0$；（d）$\theta=45°$且 $\alpha=0$

4.3　多桩基础深层水平极限土体抗力经验公式

4.3.1　三桩基础深层水平极限土体抗力系数的经验公式

通过以上影响因素分析可知，三桩基础的水平极限土体抗力系数 N_p 主要受桩间距 s 与桩—土黏结系数 α 的影响，而对荷载作用方向角 θ 的变化不敏感。因此，下面我们将根据以上位移有限元分析得到的结果建立一系列三桩基础极限抗力系数的经验表达式，其中考虑了桩间距和桩—土黏结系数的影响，这些公式可以快速计算求得三桩基础极限水平极限土体抗力的大小，在一定程度上指导工程设计。

图 4-17 呈现了经验公式计算结果与位移有限元结果的对比，其中没有考虑荷载作用方向的影响，荷载作用方向角 θ 固定为 0°。由之前的讨论可以知道标准化分界桩间距 s_{ab}/D 和 s_{bs}/D 的值是随桩—土黏结系数的变化而变化的，见表 4-1，它们可由公式（4-1）估计得到：

$$s_{ab}/D = 1.25 + 0.25\alpha \tag{4-1a}$$

$$s_{bs}/D = 3.38 + 1.06\alpha + 0.16\alpha^2 \tag{4-1b}$$

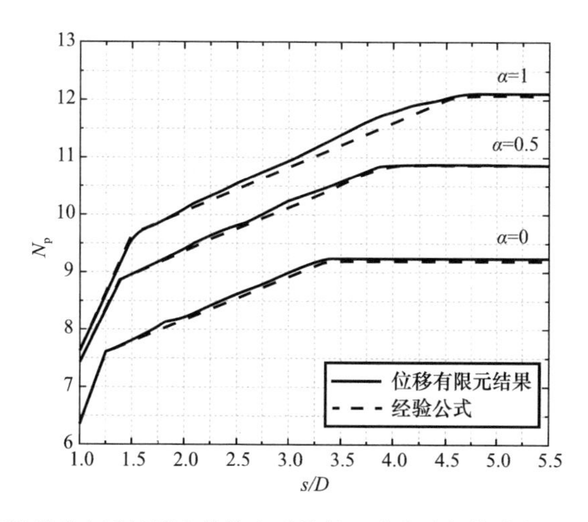

图 4-17　三桩基础水平极限土体抗力系数的经验公式与位移有限元结果的对比

而标准化桩间距 $s/D=1$，s_{ab}/D 和 s_{bs}/D 对应的水平极限土体抗力系数 N_{poa}、N_{pab} 和 N_{ps} 分别可以通过式（4-2）计算得到：

$$N_{poa}=6.37+2.97\alpha-1.7\alpha^2 \tag{4-2a}$$

$$N_{pab}=N_{poa}+(5-3.42\alpha+2.32\alpha^2)(s_{ab}/D-1) \tag{4-2b}$$

$$N_{ps}=\pi+2\arcsin\alpha+2\cos(\arcsin\alpha)+4\left[\cos\left(\frac{\arcsin\alpha}{2}\right)+\sin\left(\frac{\arcsin\alpha}{2}\right)\right] \tag{4-2c}$$

其中，单桩水平极限土体抗力系数 N_{ps} 由 Randolph 和 Houlsby[112]计算得到。

由于三桩基础水平极限土体抗力系数 N_p 随标准化桩间距的变化可以近似看作多段折线，因此对于任意的桩—土黏结系数 α 和标准化桩间距 s/D，N_p 可以通过式（4-3）计算得到：

$$N_p=\begin{cases} N_{poa}+\dfrac{s/D-1}{s_{ab}/D-1}(N_{pab}-N_{poa}) & \text{当 } s/D<s_{ab}/D \\ N_{pab}+\dfrac{s/D-s_{ab}/D}{s_{bs}/D-s_{ab}/D}(N_{ps}-N_{pab}) & \text{当 } s_{ab}/D\leqslant s/D<s_{bs}/D \\ N_{ps} & \text{当 } s/D\geqslant s_{bs}/D \end{cases} \tag{4-3}$$

4.3.2 四桩基础深层水平极限土体抗力系数的经验公式

以上几小节中分别分析了桩间距 s 与桩—土黏结系数 α 和荷载作用方向角 θ 对四桩基础的水平极限土体抗力系数 N_p 的影响。下面将根据以上位移有限元分析得到的结果建立一系列四桩基础极限土体抗力系数的经验表达式，其中考虑了这些因素的影响，建立的公式可以快速计算求得四桩基础极限水平承载力的大小，在一定程度上加强本章研究的应用性并指导工程设计。

图 4-18 呈现了经验公式计算结果与位移有限元结果的对比，其中先未考虑荷载作用方向的影响，荷载作用方向角 θ 固定为 0°。由之前的讨论可以知道标准化分界桩间距 s_{ab}/D、s_{bc}/D 和 s_{cs}/D 的值是随桩—土黏结系数的变化而变化的，见表 4-3，它们可由公式（4-4）估计得到：

$$s_{ab}/D=1.45+0.2\alpha \tag{4-4a}$$

$$s_{bc}/D=2.75+1.4\alpha-0.4\alpha^2 \tag{4-4b}$$

$$s_{cs}/D=3.5+2.7\alpha-\alpha^2 \tag{4-4c}$$

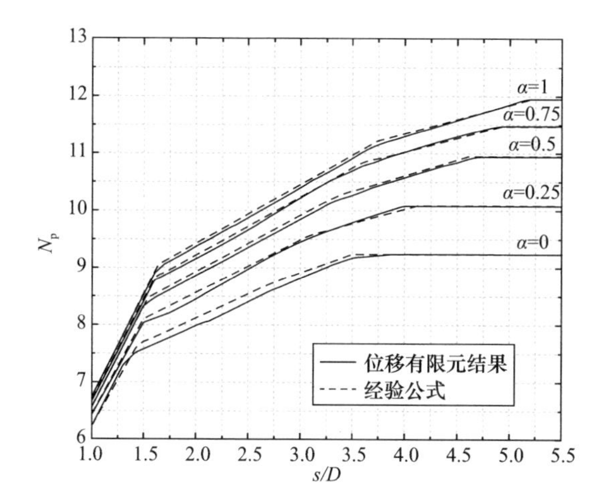

图4-18　四桩基础水平极限土体抗力系数的经验公式与位移有限元结果的对比

而标准化桩间距 $s/D=1$、s_{ab}/D、s_{bc}/D 和 s_{cs}/D 对应的水平极限土体抗力系数 N_{poa}、N_{pab}、N_{pbc} 和 N_{ps} 分别可以通过式（4-5）计算得到：

$$N_{poa}=6.2+0.88\alpha-0.36\alpha^2 \tag{4-5a}$$

$$N_{pab}=N_{poa}+(3.2+0.8\alpha-0.4\alpha^2)(s_{ab}/D-1) \tag{4-5b}$$

$$N_{pbc}=N_{pab}+(0.85+0.37\alpha-0.19\alpha^2)(s_{bc}/D-s_{ab}/D) \tag{4-5c}$$

$$N_{ps}=\pi+2\arcsin\alpha+2\cos(\arcsin\alpha)+4\left[\cos\left(\frac{\arcsin\alpha}{2}\right)+\sin\left(\frac{\arcsin\alpha}{2}\right)\right] \tag{4-5d}$$

其中，单桩水平极限土体抗力系数 N_{ps} 由 Randolph 和 Houlsby[112] 计算得到。

由于四桩基础水平极限土体抗力系数 N_p 随桩间距的变化可以近似看作多段折线，因此对于任意的桩—土黏结系数 α 和标准化桩间距 s/D，N_p 可以通过式（4-6）计算得到：

$$N_p=\begin{cases} N_{poa}+\dfrac{s/D-1}{s_{ab}/D-1}(N_{pab}-N_{poa}) & \text{当 } s/D<s_{ab}/D \\ N_{pab}+\dfrac{s/D-s_{ab}/D}{s_{bc}/D-s_{ab}/D}(N_{pbc}-N_{pab}) & \text{当 } s_{ab}/D\leqslant s/D<s_{bc}/D \\ N_{pbc}+\dfrac{s/D-s_{bc}/D}{s_{cs}/D-s_{bc}/D}(N_{ps}-N_{pbc}) & \text{当 } s_{bc}/D\leqslant s/D<s_{cs}/D \\ N_{ps} & \text{当 } s/D\geqslant s_{cs}/D \end{cases} \tag{4-6}$$

当考虑荷载作用方向角 θ 的影响的时候，式（4-5b）和式（4-5c）中的 N_{pab} 和 N_{pbc} 应被改写为 α 和 θ 的函数，如式（4-7）所示。

$$N_{pab}=N_{poa}+(3.2+0.8\alpha-0.4\alpha^2)(s_{ab}/D-1)+\frac{0.32\alpha^2+0.34\alpha-0.33}{\pi/4}\theta \tag{4-7a}$$

$$N_{pbc}=N_{pab}+(0.85+0.37\alpha-0.19\alpha^2)(s_{bc}/D-s_{ab}/D)+\frac{0.2+0.24\alpha-0.64\alpha^2}{\pi/4}\theta \tag{4-7b}$$

图 4-19 则呈现了考虑荷载作用方向时经验公式的计算结果与位移有限元结果的对比。

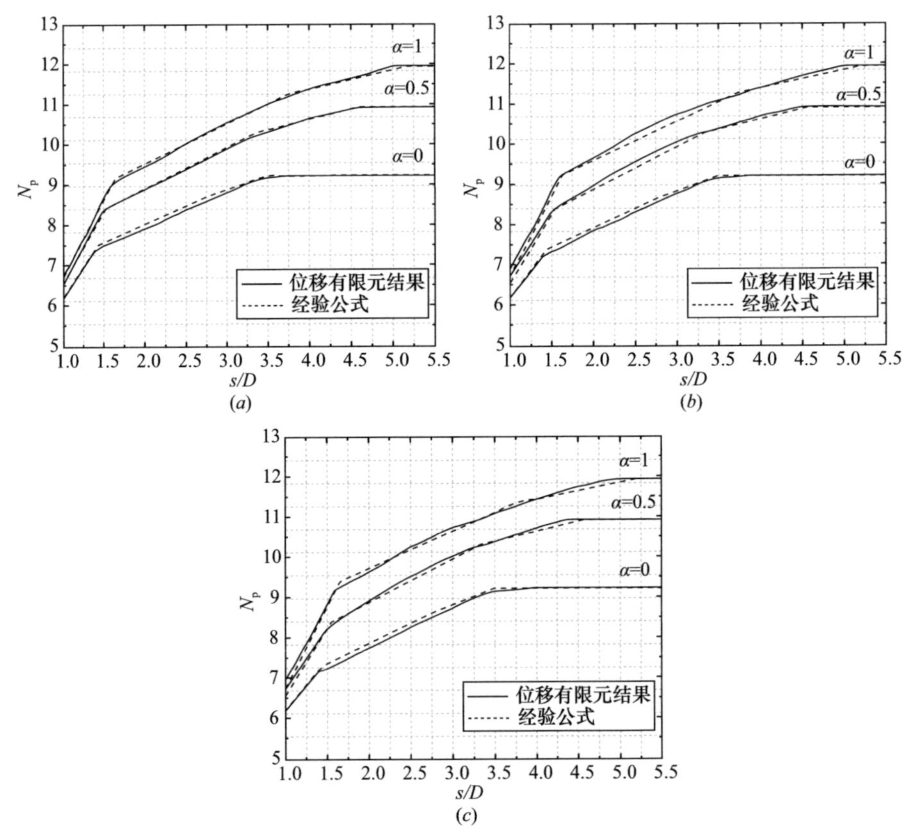

图 4-19　不同 θ 条件下经验公式与有限元结果的对比

（a）$\theta=15°$；（b）$\theta=30°$；（c）$\theta=45°$

4.4　多桩基础 p 乘子

4.4.1　不同标准化桩间距条件下 p 乘子

图4-20呈现了当桩—土黏结系数 $\alpha=0$、0.5、1时，三桩基础 p 乘子 $f_m(=N_p/N_{ps})$ 随标准化桩间距 s/D 的变化曲线。这里需要首先说明一点的是 f_m 指的是三桩基础的平均 p 乘子。图中 f_m 的值通过经验表达式（4-3）求得 N_p，再通过经验表达式（4-5d）求得 N_{ps}，之后将二者相除得到。三桩基础的 p 乘子 f_m 随标准化桩间距 s/D 的变化规律总体上与 N_p 随标准化桩间距 s/D 的变化规律相同，f_m 随标准化桩间距的增大而增大。而对于相同的桩间距情况，f_m 则随着桩—土黏结系数的变大则减小。

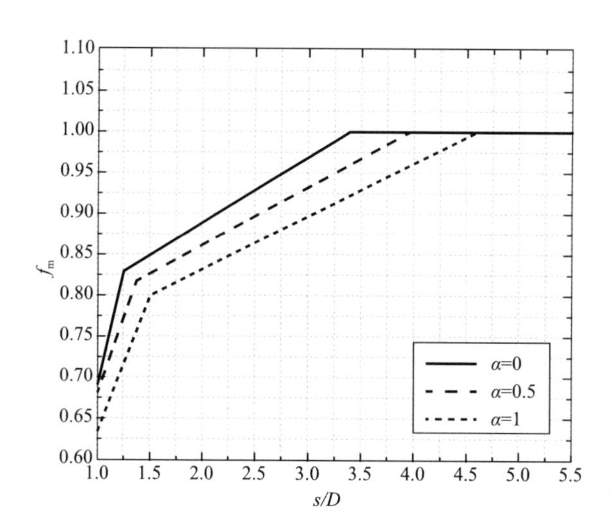

图4-20　三桩基础 p 乘子随标准化桩间距的变化曲线

图4-21呈现了当桩—土黏结系数 $\alpha=0$、0.5和1，荷载作用方向角 $\theta=0°$ 和45°时，四桩基础 p 乘子 f_m 随标准化桩间距 s/D 的变化曲线。这里需要首先说明的一点是 f_m 指的是四桩基础的平均 p 乘子。图中 f_m 的值通过经验表达式（4-6）求得 N_p，再通过经验表达式（4-5d）求得 N_{ps}，之后将二者相除得到。很

显然，四桩基础的 f_m 随标准化桩间距 s/D 的变化规律与 N_p 随标准化桩间距 s/D 的变化规律是相同的，f_m 随着标准化桩间距的变大而变大。而当标准化桩间距和荷载作用方向角固定不变时，f_m 会随着桩—土黏结系数的变大而变小。另外，对于 α 不同的四桩基础，荷载作用方向对其 p 乘子的影响规律是不同的：当 $\alpha=1$ 时，p 乘子在 $\theta=45°$ 时更大；当 $\alpha=0$ 时，p 乘子在 $\theta=0°$ 时更大；而当 $\alpha=0.5$ 时，p 乘子随荷载作用方向角的变化并不明显。

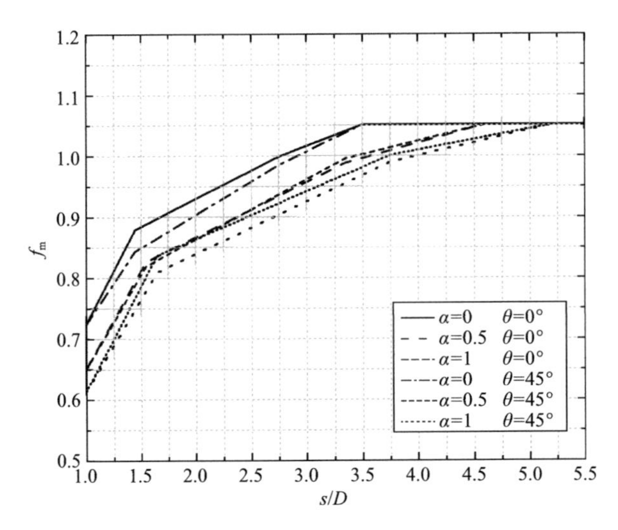

图 4-21　四桩基础 p 乘子随标准化桩间距的变化曲线

4.4.2　与前人试验结果的对比

四桩基础从形式上等同于 2×2 的群桩基础。而 2×2 的群桩布置形式是研究桩基群桩效应最常见的一种。已有文献中一些学者基于各类试验给出了固定桩间距条件下 2×2 群桩基础（即四桩基础）的 p 乘子。例如 Chandrasekaran 等人[106]、Meimom 等人[148]和 Ilyas 等人[89]分别通过室内试验，现场试验和离心机试验研究得到了桩间距为 3 倍桩径时四桩基础的 p 乘子的值（表 4-4），而祝周杰等人[149]则通过离心机试验对桩间距为 5.8 倍桩径的四桩基础的水平承载特性进行了系统的研究，其中也给出了 p 乘子的建议值（图 4-22）。这些试验结果也与本章中得到的四桩基础平均的 p 乘子进行了对比，对比结果如表 4-4 和图 4-22 所示。

本书得到的 f_m 与前人试验结果的对比　　表 4-4

$f_m(s/D=3)$	已有研究			本书研究
	Chandrasekaran 等人[106]	Meimom 等人[148]	Ilyas 等人[89]	
前排	0.74	0.90	0.96	—
后排	0.48	0.50	0.78	—
平均	0.61	0.70	0.87	0.88

从表 4-4 可以看出，对于标准化桩间距不大的四桩基础而言（例如：$s/D=3$），本书研究得到的 p 乘子总是大于试验得到的 p 乘子。这是因为前人试验研究中四桩基础的 p 乘子是通过桩头位置的荷载—位移曲线反算得到的，而本书二维分析模型得到的 p 乘子则对应了深度超过临界深度时的桩身部分，对于靠近地面附近的部分不适用。因此试验得到的桩头位置的 p 乘子理论上应该小于二维分析模型中得到的 p 乘子值，而本书给出的 p 乘子事实上应当是一个上限（表 4-4），因此差异的产生是合理的。另外这里需要说明，在群桩设计中 p 乘子值通常假定沿桩长保持不变，然而 Georgiadis 等人[111]曾在本书中提到这样的假设并不合理，而表 4-4 中对比结果之间的差异也恰恰证明了这一点，说明群桩效应对水平极限土体抗力的影响是随深度变化的。事实上，Chandrasekaran 等人[106]、Meimom 等人[148]和 Ilyas 等人[89]试验结果之间的差异也很大，这是由于影响 p 乘子实测结果的因素有很多，例如基于试验数据 p 乘子的推算方法、试验组数的过少导致的结果的偶然性、土体及测桩性质的不同等。

本书的分析结果与试验结果之间的差异随着桩间距的增大而逐渐缩小。对于标准化桩间距较大的四桩基础（例如：$s/D=5.8$），祝周杰[149]通过对不同深度位置（z/D）的 p 乘子实测结果的分析给出了该桩间距条件下四桩基础 p 乘子的建议值（图 4-22），而通过本书计算公式得到的结果也给出相同的值。

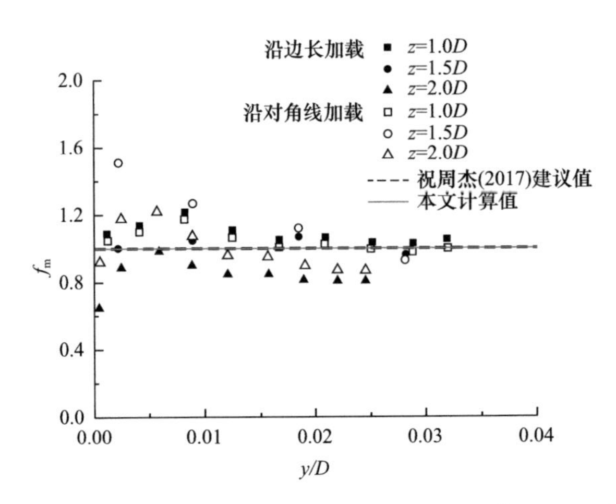

图 4-22 基于试验结果得到的四桩基础（s/D=5.8）的 f_{m}（祝周杰[149]）

4.4.3 几种常见多桩基础的对比

图 4-23 比较了几种常见多桩基础（双桩基础、三桩基础和四桩基础）和单桩基础在不同桩—土黏结系数条件下 p 乘子 f_{m} 随标准化桩间距的变化曲线。其中，单桩基础的解答由 Randolph 和 Houlsby[112] 给出，双桩基础的解答由 Georgiadis 等人[120,121] 给出，而三桩基础和四桩基础的解答则由本书给出。另外，在对比研究中考虑了荷载作用方向对极限土体抗力的影响，图中各 p 乘子变化曲线均对应了其最危险的加载方向情况。Georgiadis 等人[121] 指出对于任意桩—土黏结系数，双桩基础极限土体抗力系数的最小值总是在外荷载沿桩轴线方向时得到的，此时对应的就是双桩基础最危险的加载方向。对于三桩基础而言，荷载作用方向对其极限土体抗力系数的影响非常微弱，且大部分情况下荷载方向角取 θ=0°较为保守，因此考虑 θ=0°的情况计算三桩基础的极限土体抗力系数。而对于四桩基础而言，不同桩—土黏结系数对应的最危险加载方向是不同的：当 α=1 和 0.5 时最危险加载方向取 θ=0°，而当 α=0 时最危险加载方向取 θ=45°。

通过对比发现在大部分桩间距条件下三桩基础的 p 乘子比双桩和四桩基础都要高，尤其是对于桩—土接触面较为粗糙（α 较大）的情况，该现象更加明显。这说明了三桩基础是抵抗水平外荷载更为有效的一种多桩布置形式，这也从理论

上证明了前人（Byrne 和 Houlsby[135]）一些相关论述的正确性。

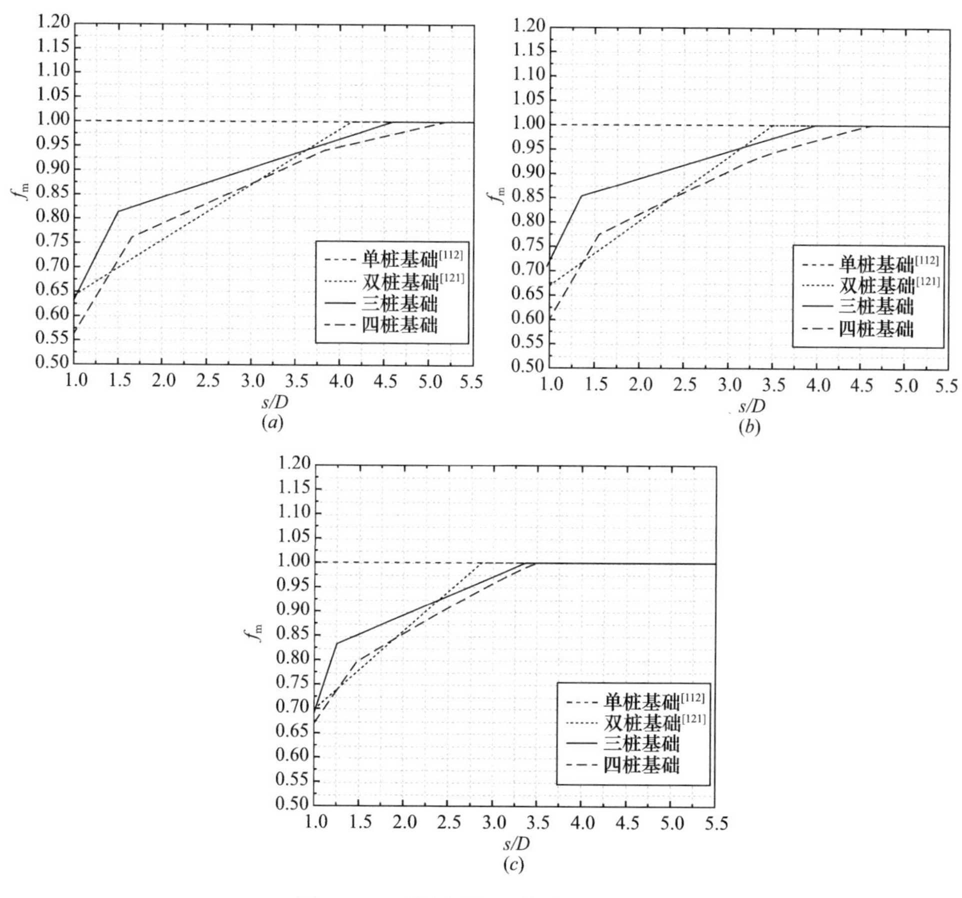

图 4-23　不同多桩 p 乘子 f_m 的对比

（a）α=1；（b）α=0.5；（c）α=0

4.5　本章小结

本章借助位移有限元方法，通过分析桩间距、桩—土黏结系数以及荷载作用方向等因素对多桩基础（三桩基础和四桩基础）水平极限土体抗力系数以及其周围土体破坏模式的影响，得到了多桩基础水平极限土体抗力在各因素相互影响下的变化规律，并分别建立了三桩基础和四桩基础水平极限土体抗力系数的计算表达式，给出了相应的 p 乘子。主要的结论如下：

（1）在一定桩间距范围内，三桩和四桩基础的水平极限土体抗力系数 N_p 随标准化桩间距 s/D 的增大而增大。根据 N_p—s/D 曲线斜率的不同，三桩基础极限土体抗力的增长可分为两个阶段，而四桩基础可分为三个阶段，不同的阶段分别对应了不同的土体塑性流动样式（破坏模式）。

（2）当桩—土黏结系数 α 增大时，三桩和四桩基础水平极限土体抗力系数 N_p 的增长是非线性的，其增长速率随桩—土黏结系数的增大而减小。另外 N_p—s/D 曲线也受桩—土黏结系数的影响，三桩和四桩基础的分界桩间距均随桩—土黏结系数的减小而减小。

（3）对于三桩基础而言，荷载方向角 θ 对其水平极限土体抗力系数 N_p 的影响十分有限，并且在大部分桩间距条件下最危险的加载方向是 $\theta=0°$。而对于四桩基础而言，不同桩—土黏结系数条件下荷载作用方向对水平极限土体抗力系数 N_p 的影响是不同的。当桩—土黏结系数 $\alpha=1$ 时，N_p 随荷载作用方向角 θ 的增大而增大，最危险的加载方向是 $\theta=0°$；而当桩—土黏结系数 $\alpha=0$ 时，N_p 随荷载作用方向角 θ 的增大而减小，最危险的加载方向是 $\theta=45°$。

（4）对比几种常见的多桩基础（双桩基础、三桩基础和四桩基础）发现对于绝大部分桩间距情况，三桩基础的 p 乘子 f_m 高于双桩和四桩基础。另外随着桩—土黏结系数的增大，三桩和四桩基础的 p 乘子均有所减小。

第5章　多桩基础深层水平极限土体抗力的偏心荷载效应

5.1 引言

在实际的海洋工程环境当中，多桩基础（三桩和四桩基础）常常受到上部结构传递下来的巨大的横向荷载，这些横向荷载多由风、波浪以及水流作用造成。然而这些荷载作用位置和作用方向也常常具有很大的随机性。因此，考虑荷载偏心作用下多桩基础的水平极限土体抗力大小具有很显著的工程意义。

本章将分别探究荷载偏心作用（即荷载偏心距 e）对三桩基础和四桩基础水平极限土体抗力大小的影响，并通过引入偏心影响系数的概念对该影响进行量化。需要注意的是，当外荷载不通过多桩基础的几何中心时，多桩基础除了发生水平位移之外还会产生相对的扭转位移。此时各根桩的位移将不再协调一致，从而很难运用理论极限分析方法或者位移有限元方法对该类工况进行模拟。另一方面，有限元极限分析方法在解决复杂荷载情况、复杂土性情况的岩土工程问题时有很好的效果和先天的优势（Sloan[141]），该方法将有限元理论中单元离散化的思想与经典的塑性极限分析理论相结合，可以给出复杂问题下破坏荷载的上下限解答。鉴于以上优势，该方法被越来越多的学者[142-147]用来解决岩土工程里的稳定性以及承载力问题，其中 Keawsawasvong 和 Ukritchon[142-145]、Raj 等人[146,147]的研究都是基于有限元极限分析软件 OptumG2 开展的。

因此，本章中笔者也将基于有限元极限分析软件 OptumG2 分别对双桩、三桩基础和四桩基础的偏心受荷问题进行模拟分析。

5.2 多桩基础水平偏心受荷分析模型

多桩基础的水平偏心受荷分析模型如图 5-1 所示，其中 D 表示桩径，s 表示桩间距，F 表示水平外荷载，e 表示荷载偏心距。该模型满足以下三个假定：

（1）桩体为完全刚性，只考虑土体的塑性流动破坏而不考虑桩身的破坏。

（2）桩由刚性桩帽连接，在外荷载作用下位移矢量相同。

（3）土体是弹性—完全塑性并满足 Tresca 屈服准则的材料且不排水。

需要说明的是，该模型是在二维平面应变条件下建立的，故这里得到的极限土体抗力值不考虑其随深度变化的情况。通常桩基周围土体的极限抗力在一定深度范围内是增加的，到某一临界深度达到最大值，该二维分析模型对应的就是该最大值。

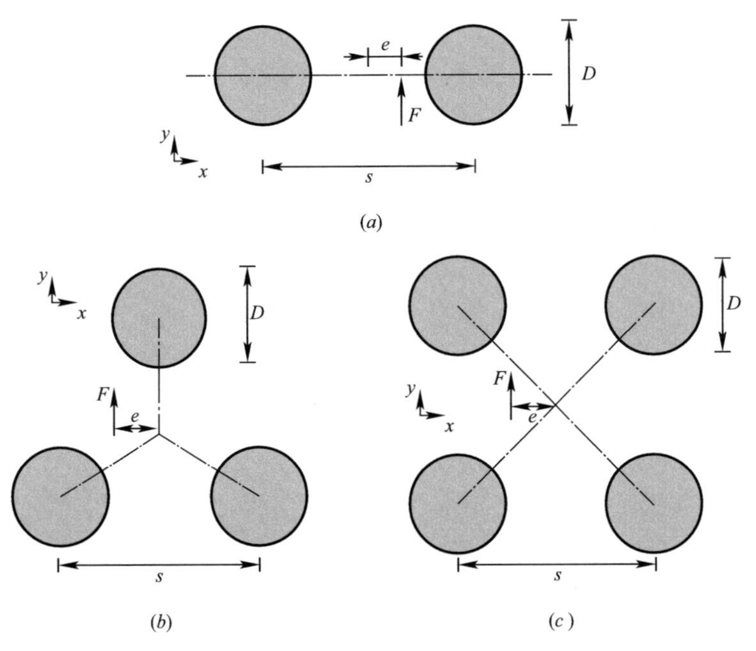

图 5-1　多桩基础水平偏心受荷分析模型

（a）双桩基础；（b）三桩基础；（c）四桩基础

5.3　双桩基础的偏心荷载效应

5.3.1　双桩基础水平偏心受荷有限元极限分析模型

偏心荷载作用下双桩基础的 OptumG2 中的数值模型如图 5-2 所示。其中土和桩的材料参数与第 3、4 章中的材料参数保持一致（表 3-1），模型各边界上的法向位移和切向位移均约束为 0。为了避免模型尺寸效应对数值结果的影响，模型左右边界的距离设为 $10D$，而上下边界的距离设为 $20D$。为提高数值极限分析上下限解的精度，在数值模拟过程中使用了自适应的网格划分技术，通过五步自适应的迭代计算，单元数从 100 增加到 20000。

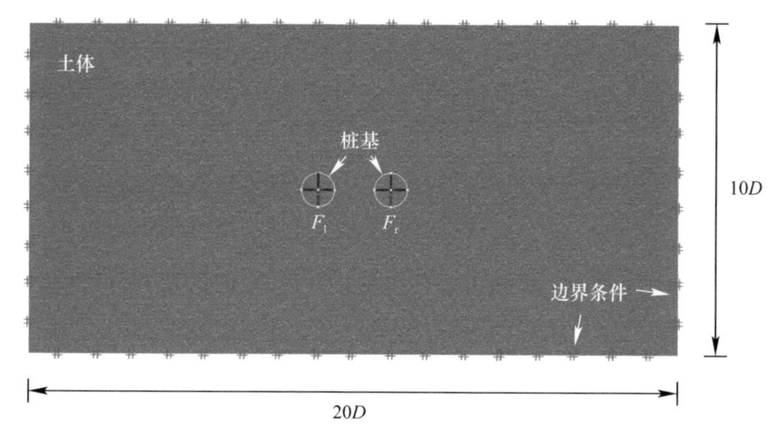

图 5-2　偏心荷载作用下双桩基础的 OptumG2 二维平面应变模型

另外，由于双桩基础上部由一个刚性桩帽连接，两根桩整体形成一个协调运动的刚体，因此在数值模拟过程中，可以根据刚体中力与力矩的分解原理将该偏心距为 e 的水平荷载 F 按一定比例分配到桩基上。分配到每根桩上的外力大小可根据下式计算：

$$F_l = F(0.5 - e/s) \tag{5-1a}$$

$$F_r = F(0.5 + e/s) \tag{5-1b}$$

其中 F_l 是分配在左桩上的外力，而为 F_r 是分配在右桩上的外力。

5.3.2　荷载偏心作用对双桩基础深层水平极限土体抗力的影响

图 5-3 展示了不同桩间距双桩基础的水平极限土体抗力系数 N_p 随标准化偏心距 e/s（即偏心距与桩间距的比值）在 0～0.5 之间的变化曲线，其中考虑了三种典型标准化桩间距情况（即 $s/D=1.2$、1.8 和 2.5）。对于任意给定的桩间距

值随着偏心距的增大，水平极限土体抗力系数 N_p 总是在一开始的时候维持不变，然后当偏心距超过一定阈值时开始减小。这是由于当偏心距很小时，外荷载偏心作用的影响不足以改变塑性破坏模式，因此 N_p 在这个阶段不会下降。

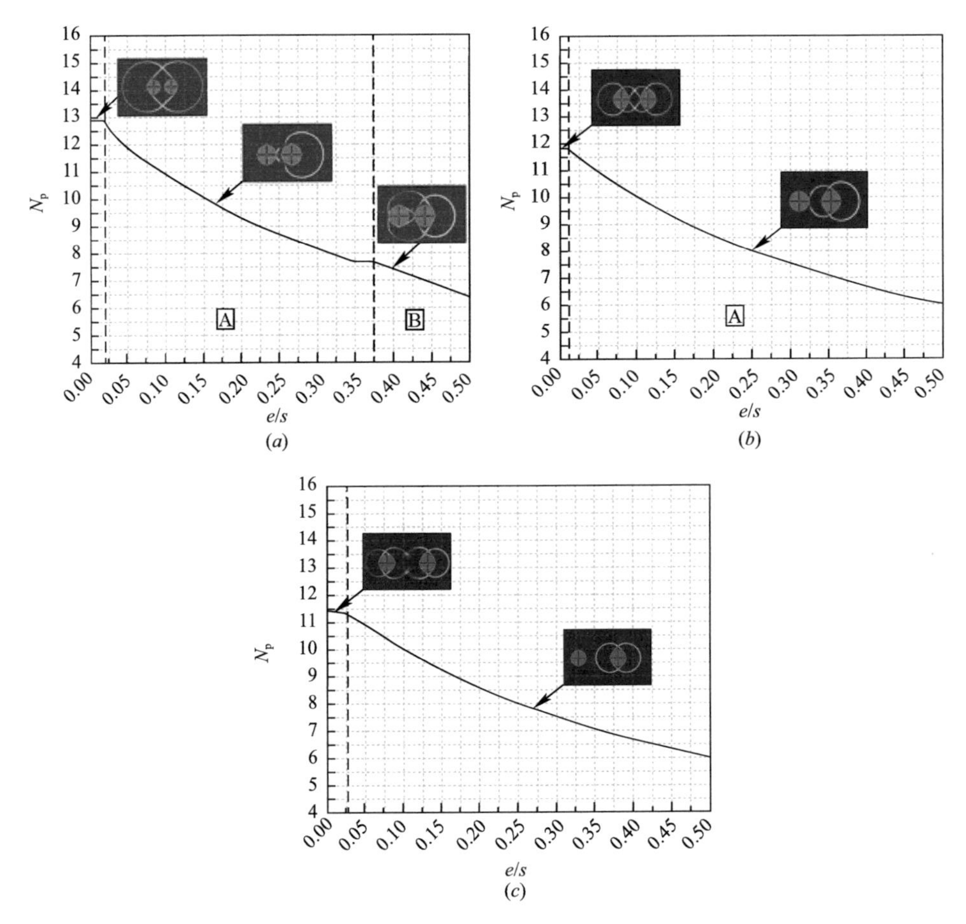

图 5-3　标准化偏心距 e/s 对双桩基础水平极限土体抗力系数 N_p 的影响

(a) $s/D=1.2$；(b) $s/D=1.8$；(c) $s/D=2.5$

超过阈值后，N_p 随 e/s 下降具有阶段性特征。当 $s/D=1.2$ 时［图 5-3(a)］，N_p—e/s 曲线可根据曲线斜率分为两个阶段（阶段 A 和阶段 B），这两个阶段分别对应了两种不同的破坏模式。在 OptumG2 软件中，可以采用土体内能功率耗散等值线图来反映桩周土的塑性坍塌规律。图 5-4 展示了当 $e/s=0.25$ 和 0.5 情况下的土体内能耗散等值线图，分别对应了两种不同的破坏模式。当偏心距较小（即 $e<0.02s$）时，两桩以近似相等的速率向同一方向移动，此时荷载偏心效应可以忽略不计。当偏心距增大到 $e=0.02s$ 以上［图 5-3(a) 中的阶段 A］时，作用在右侧桩上的力明显大于左侧桩上的力，双桩基础所受的土体抗力主要来自于右侧桩周围的土体，整个双桩体系下的土体运动受右侧桩控制而左侧桩的作用微乎其微，因而形成了一种非对称的破坏模式［图 5-4(a)］。当标准化偏心距 $e/s>0.37$ 时［图 5-3(a) 中的阶段 B］，桩周土的破坏模式发生显著变化，在大偏心荷载的影响下，两根桩出现相反的运动趋势，如图 5-4(b) 所示。

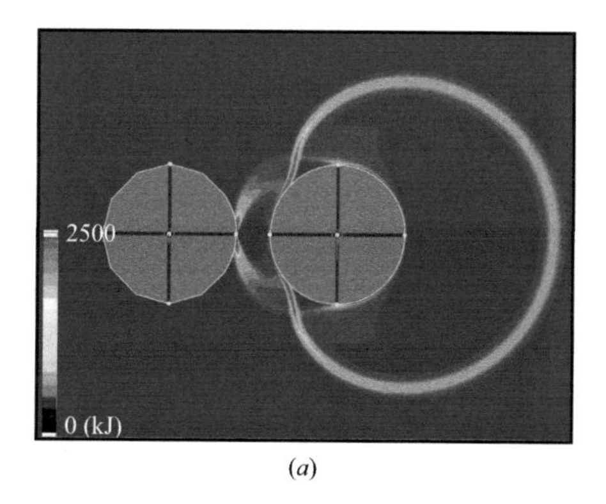

(a)

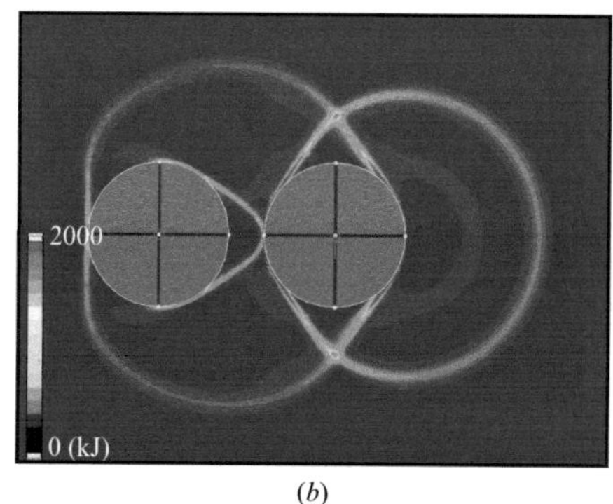

(b)

图 5-4　当 $s/D=1.2$ 时双桩基础的破坏模式

(a) $e/s=0.25$；(b) $e/s=0.5$

当桩间距发生改变时，N_p—e/s 曲线的特征也随之发生变化。当 $s/D=1.8$ 时［图 5-3(b)］，可以发现 N_p—e/s 曲线由两段下降式变成了单段下降式。随着偏心距的增加，超过阈值后 N_p 随 e/s 的下降仅经历一个阶段，该阶段对应了上述第一类破坏模式。当 s/D 增大到 2.5 时［图 5-3(c)］，桩间的相互作用越来越小，破坏模式将退化成单桩破坏模式。

5.3.3　双桩基础的偏心影响系数

为了进一步量化荷载偏心距对双桩基础水平极限土体抗力的影响水平，在这里引入了偏心影响系数 G_N 的概念，它的具体表达式是：

$$G_{\mathrm{N}}=\frac{N_{\mathrm{p}}(\alpha,s,e>0)}{N_{\mathrm{p}}(\alpha,s,e=0)} \tag{5-2}$$

其中，$N_{\mathrm{p}}(\alpha,\ s,\ e>0)$ 表示考虑荷载偏心作用时的水平极限土体抗力系数，即荷载偏心距大于 0 的情况；而 $N_{\mathrm{p}}(\alpha,\ s,\ e=0)$ 则表示不考虑荷载偏心作用时的水平极限土体抗力系数，即荷载偏心距等于 0 的情况。

图 5-5 呈现了对于标准化桩间距 $s/D=1.2$、1.8 和 2.5 的情况下偏心影响系数 G_{N} 随标准化偏心距 e/s 从 0～0.5 的变化曲线。可以发现，随着标准化偏心距的增加 G_{N} 通常从 1 减小到 0.5 左右，而 G_{N} 的大小对桩间距的变化并不敏感。本小节中提出的偏心影响系数 G_{N} 可以帮助学者或工程师快速评价桩基偏心荷载效应的影响水平，具有较强的工程实用价值。

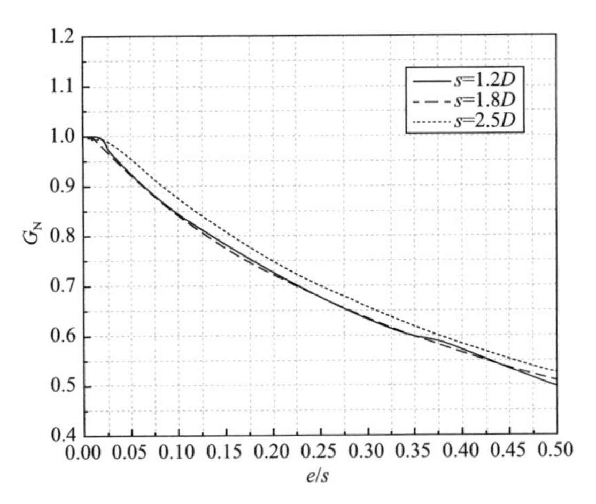

图 5-5　双桩基础偏心影响系数 G_{N} 随标准化偏心距的变化

5.4　三桩基础的偏心荷载效应

5.4.1　三桩基础水平偏心受荷有限元极限分析模型

偏心荷载作用下三桩基础的 OptumG2 数值模型如图 5-6 所示。其中土和桩的材料参数与第 3、4 章中的材料参数保持一致（表 3-1），模型各边界上的法向位移和切向位移均约束为 0。为了避免模型尺寸效应对数值结果的影响，模型左右边界

的长度设为 $25D$～$30D$，而上下边界的长度设为 $40D$～$50D$。为提高数值极限分析上下限解的精度，在数值模拟过程中使用了自适应的网格划分技术，通过五步自适应的迭代计算，总的网格数量从 1000 增长到 20000。另外，由于三桩基础上部由一个刚帽连接，三根桩整体形成一个协调运动的刚体，因此在数值模拟过程中，可以根据刚体中力与力矩的分解原理将该偏心距为 e 的水平荷载 F 按一定比例分配到三桩基础的每根桩上。分配到每根桩上的外力矢量的表达式可定义如下：

$$F_{\mathrm{f}}=\left(\frac{\sqrt{3}Fe}{3s},\frac{F}{3}\right) \tag{5-3a}$$

$$F_{\mathrm{l}}=\left(-\frac{\sqrt{3}Fe}{6s},\frac{F}{3}+\frac{Fe}{2s}\right) \tag{5-3b}$$

$$F_{\mathrm{r}}=\left(-\frac{\sqrt{3}Fe}{6s},\frac{F}{3}-\frac{Fe}{2s}\right) \tag{5-3c}$$

其中，$\boldsymbol{F}_{\mathrm{f}}$ 表示前排桩上的外力矢量，$\boldsymbol{F}_{\mathrm{l}}$ 和 $\boldsymbol{F}_{\mathrm{r}}$ 则分别表示后排左桩和后排右桩的外力矢量。需要说明的一点是，由于荷载作用方向对水平极限土体抗力系数的影响很微弱，这里讨论荷载偏心距 e 的影响时只考虑了荷载作用方向沿 y 轴正方向的情况，如图 5-1 所示。

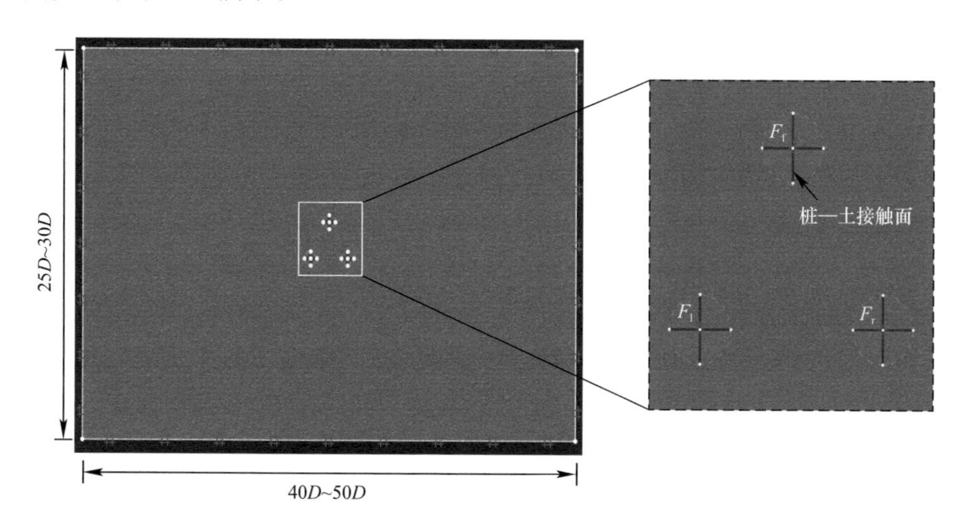

图 5-6　受偏心荷载的三桩基础在 OptumG2 中的二维平面应变模型

在该部分研究中，通过有限元极限分析可以分别得到三桩基础水平极限土体抗力系数 N_p 的数值上限解和下限解，它们共同给出了承载力系数的“精确解”的范围。而且通过计算可知，在不同桩间距、桩—土黏结系数以及荷载偏心距情况下，上下限解之间的差异是很小的，最大差异不超过 5%。因此，将采用数值极限分析上下限结果的均值来进行以下讨论[150]。

5.4.2 荷载偏心作用对三桩基础深层水平极限土体抗力的影响

图 5-7～图 5-9 分别展示了对于桩—土黏结系数 $\alpha=1$、0.5 和 0 的情况下，不同标准化桩间距三桩基础的水平极限土体抗力系数 N_p 随标准化偏心距 e/s（即偏心距与桩间距的比值）在 0～0.5 之间的变化曲线。可以明显看出，对于任意给定的桩—土黏结系数和标准化桩间距值随着标准化偏心距 e/s 的增大，水平极限土体抗力系数 N_p 总是在一开始的时候维持不变，然后当标准化偏心距超过一定阈值时开始减小。这是由于当标准化偏心距很小时，外荷载偏心作用的影响还不足以改变塑性破坏时破坏面的样式，因此 N_p 在这个阶段不会下降。而当标准化偏心距超过一定阈值时（对于不同标准化桩间距和桩—土界面情况，该阈值的大小不同），偏心作用的影响开始体现，从而导致了 N_p 的减小。

在大部分情况下，水平极限土体抗力系数 N_p 随标准化偏心距的变化均呈两段式下降，这两个阶段（阶段 A 和阶段 B）可根据水平极限土体抗力系数的下降速率明显区分开来。以桩—土黏结系数 $\alpha=1$ 为例，从图 5-7(a)～图 5-7(d) 可以看出随着标准化桩间距的增大，阶段 A 的范围逐渐变窄而阶段 B 的范围逐渐变宽。当标准化桩间距增大到一定程度（$s/D=3.5$）时，从曲线上看 N_p 在一定标准化偏心距条件下（$0.07\leqslant e/s\leqslant 0.44$）出现了突然的降低，如图 5-7($e$) 所示，根据对周围土体破坏模式的观察可以发现此时其中一根桩周围土体内发生了局部的破坏情况，从破坏模式上看退化成了单桩破坏模式。当标准化桩间距 $s/D\geqslant 4$ 时，该情况将几乎在整个标准化偏心距范围内都会出现 [图 5-7(f)]。同样，如图 5-8 和图 5-9 所示，当桩—土黏结系数 $\alpha=0.5$ 或 0 时水平极限土体抗力系数的下降曲线（N_p—e/s 曲线）随标准化桩间距的变化也会有相似的规律。但是桩—土界面强度的削弱导致了桩与桩之间相互影响的减弱，因而在更小的标准化桩间距情况下（对于 $\alpha=0.5$，

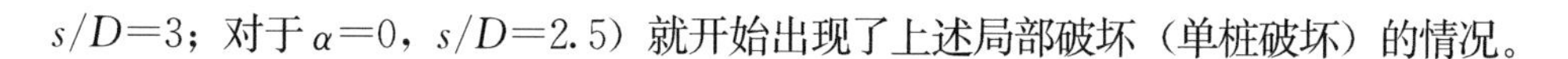
$s/D=3$；对于 $\alpha=0$，$s/D=2.5$）就开始出现了上述局部破坏（单桩破坏）的情况。

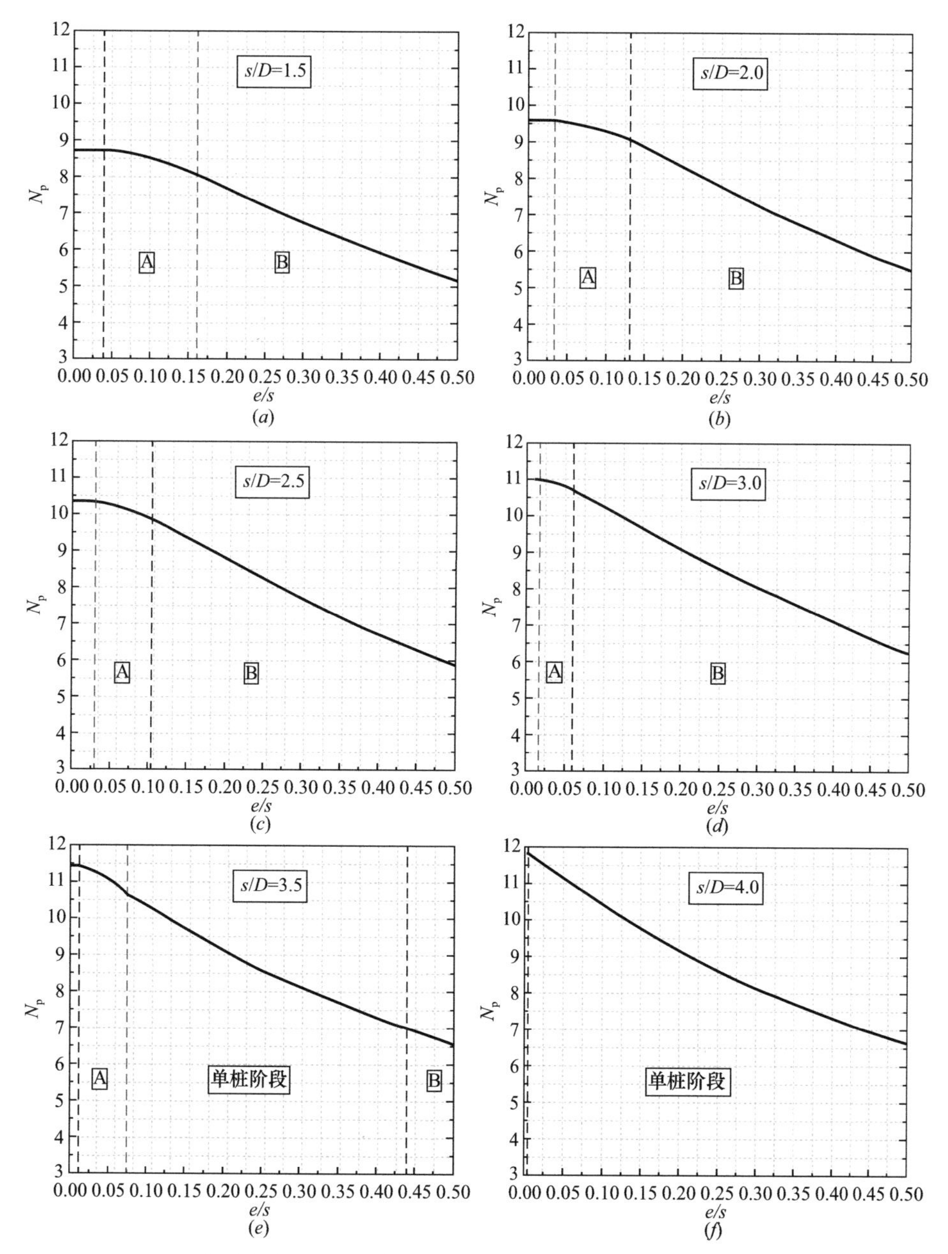

图 5-7　标准化偏心距 e/s 对三桩基础水平极限土体抗力系数 N_p 的影响（$\alpha=1$）

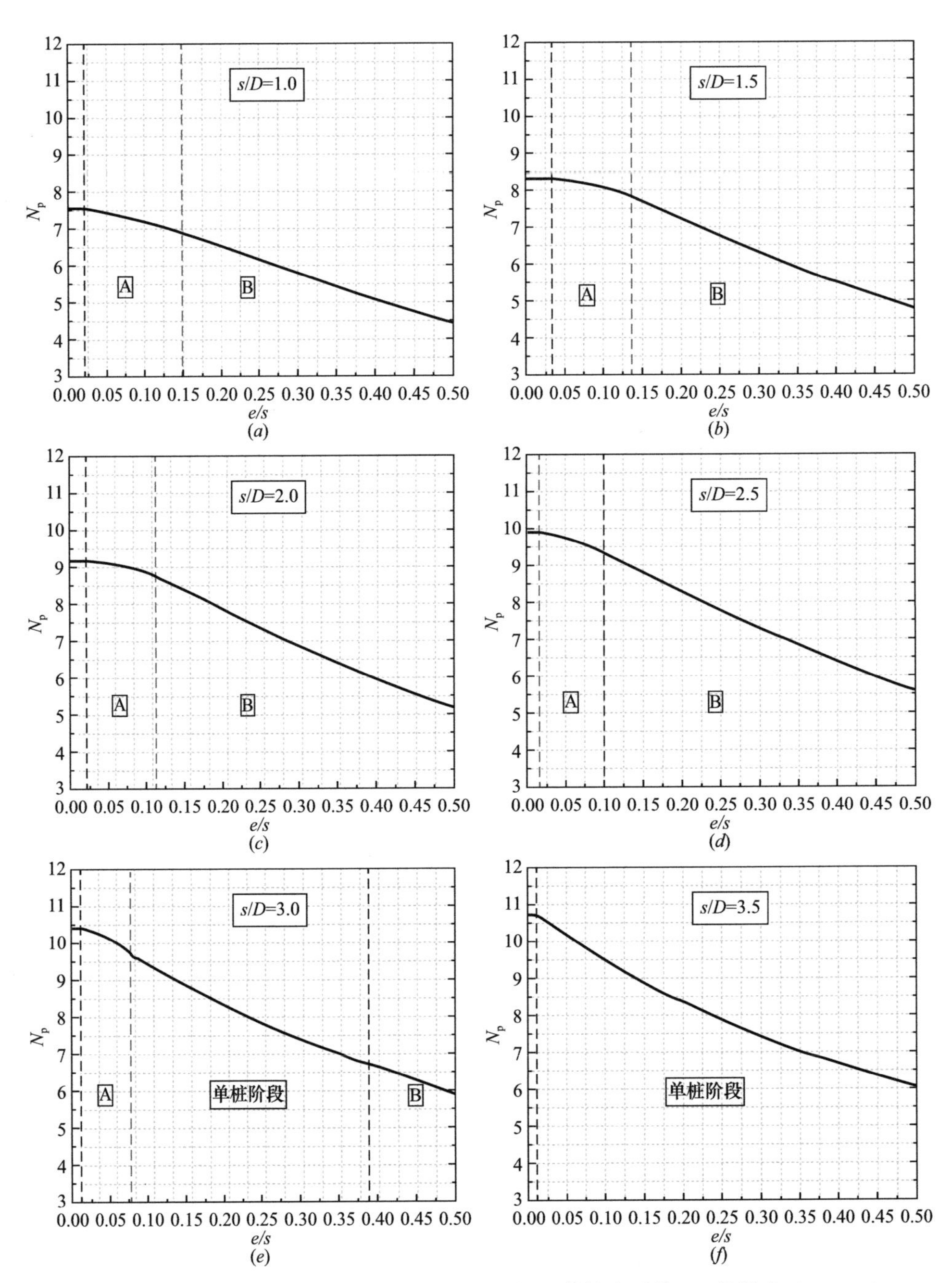

图 5-8　标准化偏心距 e/s 对三桩基础水平极限土体抗力系数 N_p 的影响（$\alpha=0.5$）

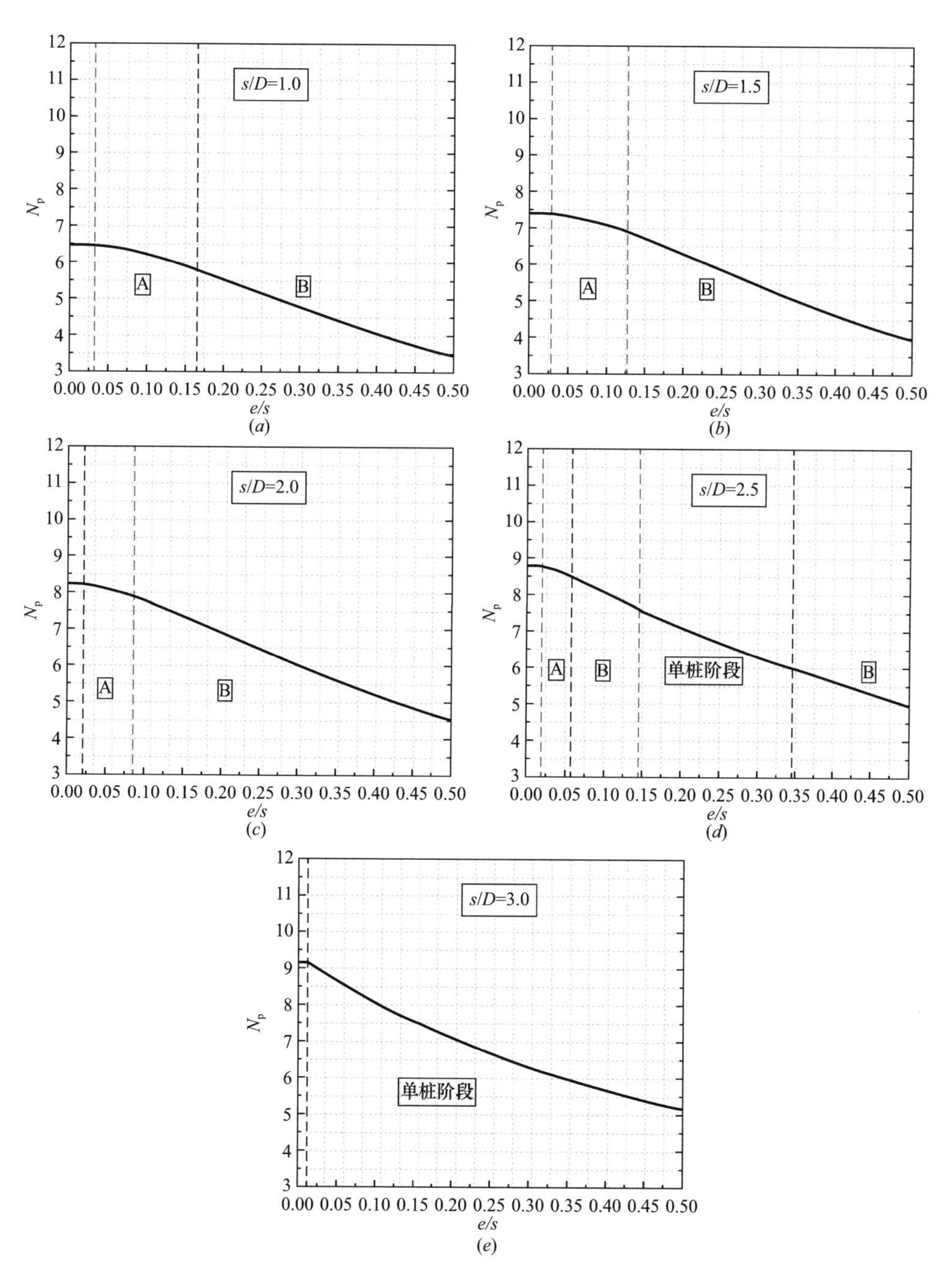

图5-9　标准化偏心距 e/s 对三桩基础水平极限土体抗力系数 N_p 的影响（$\alpha=0$）

另外，三桩基础水平极限土体抗力系数随荷载偏心距的增大而下降的规律可以通过破坏模式的变化来解释。图 5-6 给出了当桩—土黏结系数 $\alpha=1$ 且标准化桩间距 $s/D=2$ 时，对应标准化偏心距 e/s 从 0.05 变化到 0.5 的三桩基础周围土体的破坏模式图。

一共可以发现两种不同的破坏模式：对应图 5-10(a)～图 5-10(d) 的平移破坏模式和对应图 5-10(e)～图 5-10(h) 的转动破坏模式。其中平移破坏模式对应了图 5-7(b) 中 N_p—e/s 曲线的阶段 A，而转动破坏模式则对应了图 5-7(b) 中 N_p—e/s 曲线的阶段 B。当外荷载的标准化偏心距较小时（阶段 A），三根桩的运动方向相同但速度不同，因此形成了如图 5-10(b) 或图 5-10(d) 所示的非对称形式的平移破坏模式，并且标准化偏心距越大该破坏模式的非对称性越强烈。当外荷载的标准化偏心距增大到一定程度时（阶段 B），由于扭矩的增大三桩基础周围土体发生转动破坏的趋势逐渐增强，因而形成了如图 5-10(f) 或图 5-10(h) 所示的转动破坏模式，并且随着标准化偏心距的变大该破坏模式的转动趋势愈发强烈。另外，总的来看随着标准化偏心距 e/s 的增大，土体塑性滑动面内带动的土体量也在不断减少，这也合理地解释了水平极限土体抗力系数 N_p 的下降。

5.4.3 三桩基础的偏心影响系数

为了量化荷载标准化偏心距对三桩基础水平极限土体抗力的影响，进一步计算了三桩基础在不同标准化桩间距、桩—土黏结系数以及荷载偏心距条件下的偏心影响系数 G_N 的大小，偏心影响系数 G_N 的计算公式如式（5-2）。

图 5-11 呈现了对于桩—土黏结系数 $\alpha=1$、0.5、0 以及标准化桩间距 $s/D=$ 1、1.5、2、2.5、3、3.5、4 的情况下偏心影响系数 G_N 随标准化偏心距 e/s 从 0～0.5 的变化曲线。可以明显看出，偏心影响系数 G_N 总是随着标准化偏心距的增大而减小，且当偏心距最大达到 0.5 倍桩间距时，偏心影响系数 G_N 最小可以达到 0.55～0.6 左右。另外，对于不同桩—土黏结系数情况，标准化桩间距对偏心影响系数的影响规律也有所不同：当桩—土黏结系数 $\alpha=1$、0.5 时，偏心影响系数总是随着标准化桩间距的增大而减小；而当桩—土黏结系数 $\alpha=0$ 时，偏心影响系数在标准化偏心距较小时随着标准化桩间距的增大而减小，但在标准化偏

心距较大时随着标准化桩间距的增大而增大。从偏心影响系数 G_N 的具体数值上看，对于大标准化桩间距情况 G_N 的大小对桩—土黏结系数并不敏感，而对于小标准化桩间距情况桩—土黏结系数 α 的增大则会导致偏心影响系数值的减小。

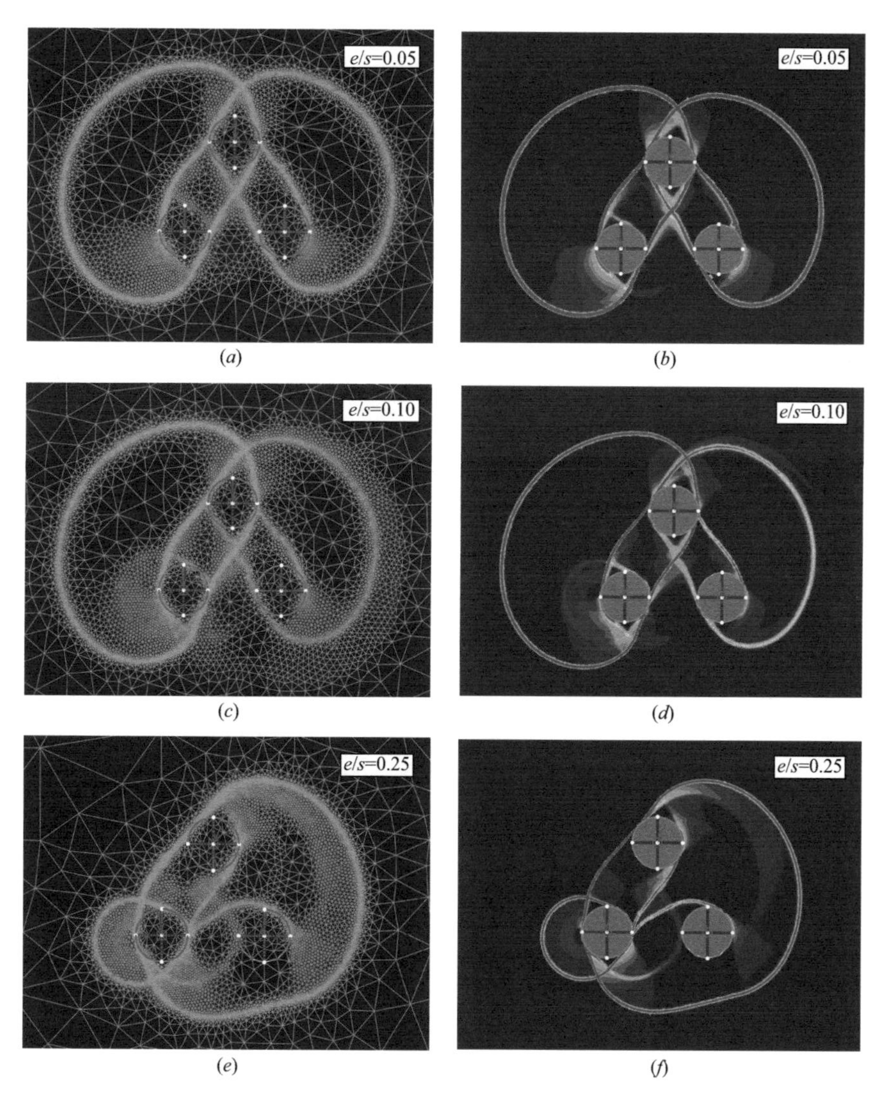

图5-10 不同标准化偏心距条件下三桩基础（$\alpha=1$，$s/D=2.0$）—土体的破坏模式：数值极限分析网格（左栏）和内能耗散图（右栏）（一）

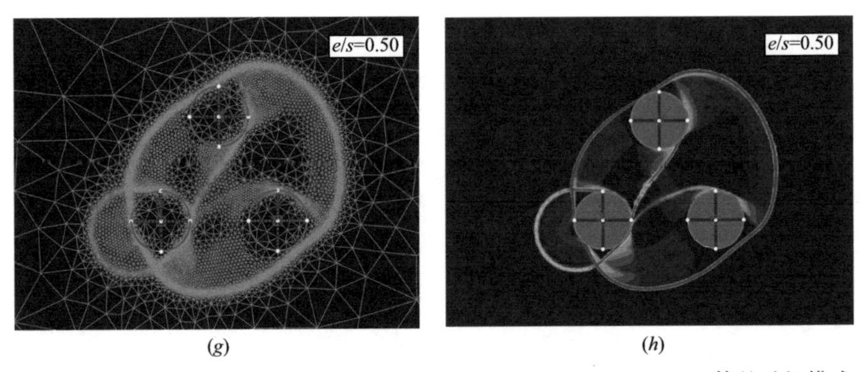

图 5-10　不同标准化偏心距条件下三桩基础（$\alpha=1$，$s/D=2.0$）—土体的破坏模式：数值极限分析网格（左栏）和内能耗散图（右栏）（二）

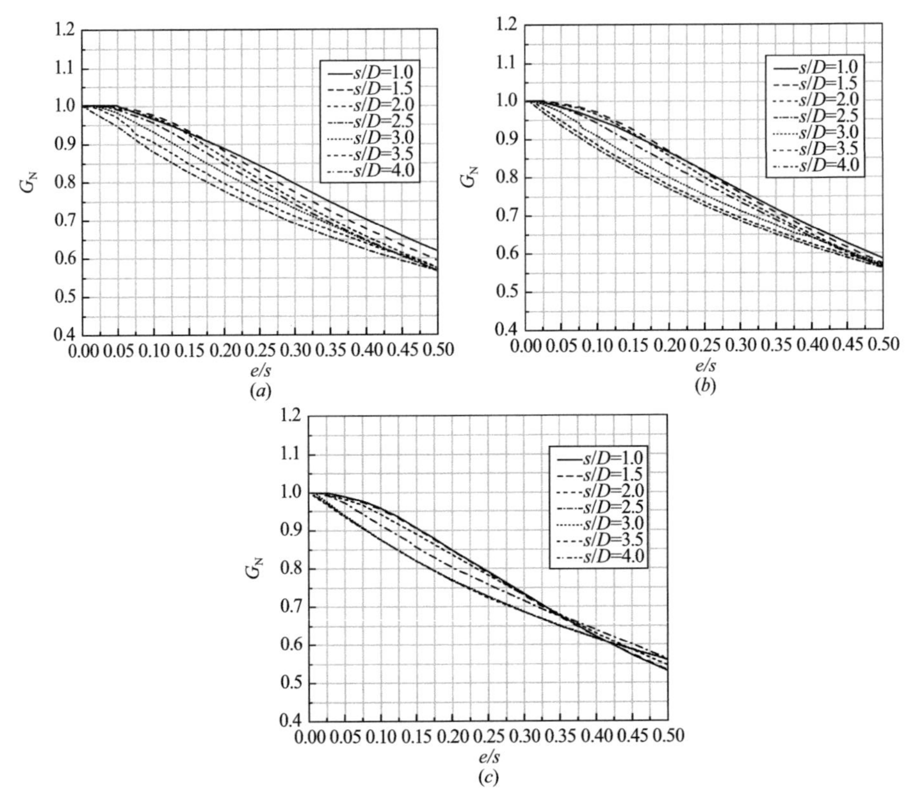

图 5-11　三桩基础偏心影响系数 G_N 随标准化偏心距的变化

（a）$\alpha=1$；（b）$\alpha=0.5$；（c）$\alpha=0$

5.5　四桩基础的偏心荷载效应

5.5.1　四桩基础水平偏心受荷有限元极限分析模型

偏心荷载作用下四桩基础 OptumG2 数值模型如图 5-12 所示。其中土和桩的材料参数见表 3-1，模型各边界在 x 方向和 y 方向上的位移均约束为 0。同时为了避免模型边界效应对计算结果的影响，模型的各边界的尺寸根据具体桩间距情况的不同设为 $30D \sim 40D$。为提高数值极限分析上下限解的精度，在该数值模拟过程中使用了自适应的网格划分技术，通过五步自适应的迭代计算，总的网格数量从 1000 增长到 20000。另外，由于四桩基础顶部与上部结构刚性连接，因此在数值模拟过程中，可以根据刚体中力与力矩的分解原理将偏心距为 e 的水平外荷载 F 按比例地分配到四根桩上。而分配到每根桩上的外力矢量的表达式分别为：

$$F_{11}=\left(\frac{Fe}{4s},\frac{F}{4}+\frac{Fe}{4s}\right) \tag{5-4a}$$

$$F_{12}=\left(\frac{Fe}{4s},\frac{F}{4}-\frac{Fe}{4s}\right) \tag{5-4b}$$

$$F_{21}=\left(-\frac{Fe}{4s},\frac{F}{4}+\frac{Fe}{4s}\right) \tag{5-4c}$$

$$F_{22}=\left(-\frac{Fe}{4s},\frac{F}{4}-\frac{Fe}{4s}\right) \tag{5-4d}$$

其中，F_{11} 表示前排左桩上的外力矢量，F_{12} 表示前排右桩上的外力矢量，F_{21} 表示后排左桩上的外力矢量，F_{22} 则表示后排右桩上的外力矢量。除此之外，由于荷载作用方向对四桩基础水平极限土体抗力系数的大小影响有限，这里讨论荷载偏心距的影响时规定偏心荷载 F 的作用方向总是沿 y 轴正方向的。

通过有限元极限分析可以分别得到四桩基础水平极限土体抗力系数 N_{p} 的数值上限和下限解，它们共同将“精确解”限定在一个误差允许的范围内。根据试算结果可知：对于任意标准化桩间距、桩—土黏结系数以及标准化偏心距条件下，上下限解之间的差异总是很小，最大差异不超过 4%。因此，下面将采用数值极限分析上下限结果的均值来进行四桩基础荷载偏心影响的讨论。

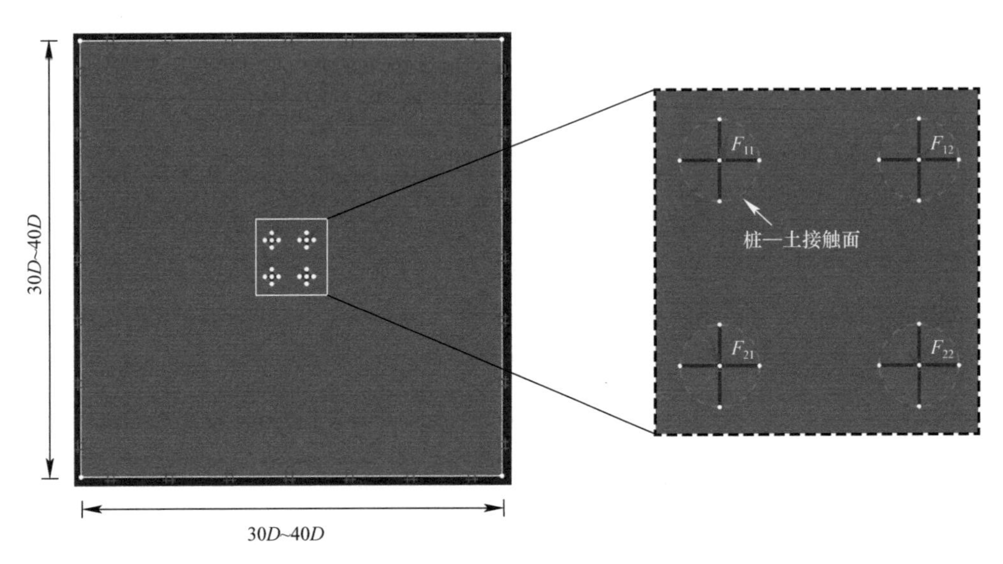

图 5-12　受偏心荷载的四桩基础在 OptumG2 中的二维平面应变模型

5.5.2　荷载偏心作用对四桩基础深层水平极限土体抗力的影响

图 5-13～图 5-15 分别展示了对于桩—土黏结系数 $\alpha=1$、0.5 和 0 的情况下，不同标准化桩间距的四桩基础的水平极限土体抗力系数 N_p 随标准化偏心距 e/s（即偏心距与当前桩间距的比值）在 0～0.5 之间的变化曲线。从各曲线的变化可以看出，对于任意给定的桩—土黏结系数和标准化桩间距，水平极限土体抗力系数 N_p 总是在标准化偏心距很小的时候保持不变，当标准化偏心距继续增大并超过一定阈值时迅速减小。在研究标准化偏心距对三桩基础 N_p 的影响时也观察到了类似的变化规律。这是由于在标准化偏心距很小的情况下，荷载偏心作用的影响还不足以改变破坏时四桩基础周围土体内破坏面的样式，因此极限土体抗力在这个阶段保持不变。而当标准化偏心距超过一定值时，荷载偏心作用的影响开始体现从而导致了水平极限土体抗力系数的下降。

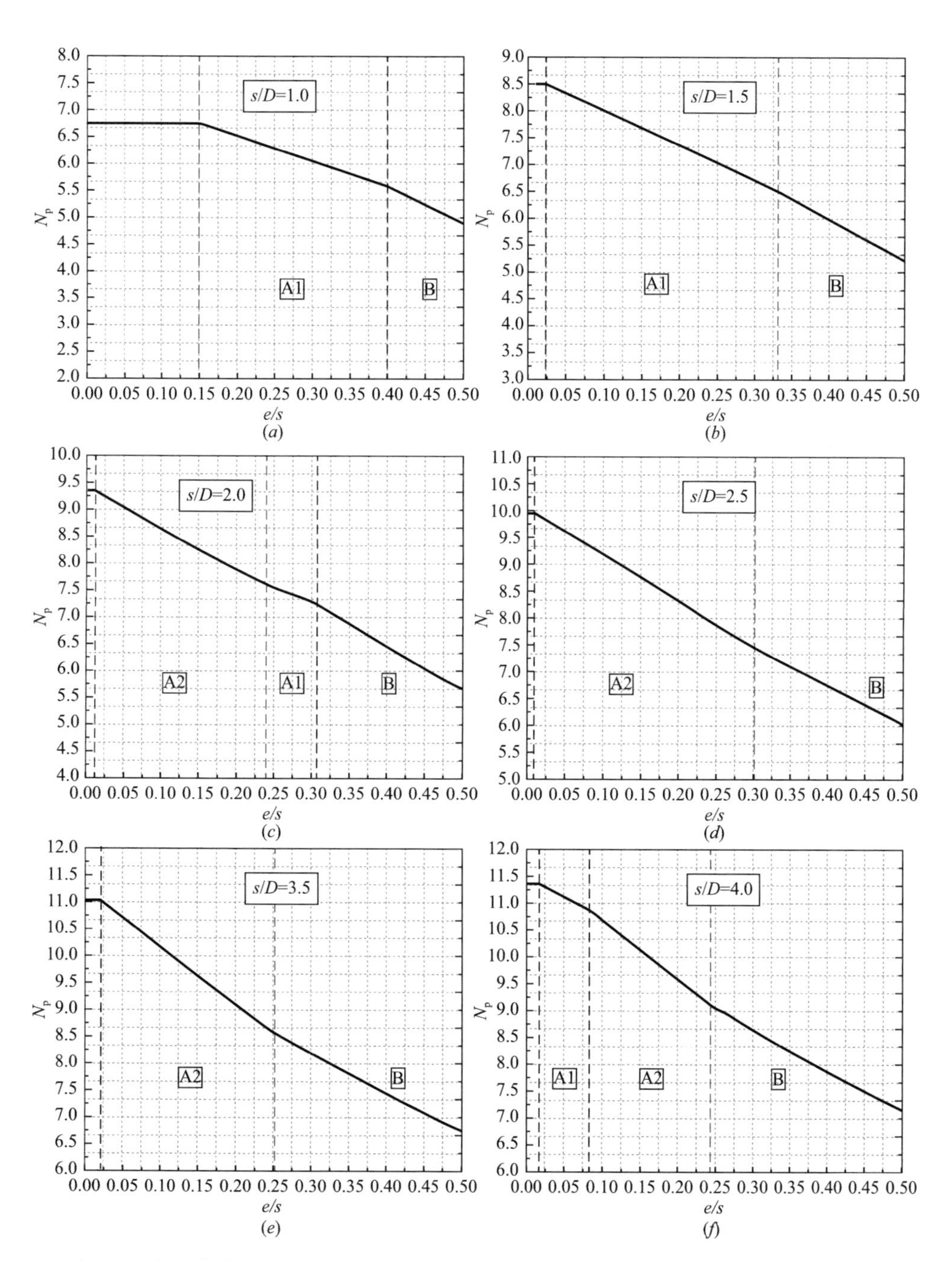

图 5-13　标准化偏心距 e/s 对四桩基础水平极限土体抗力系数 N_p 的影响（$\alpha=1$）（一）

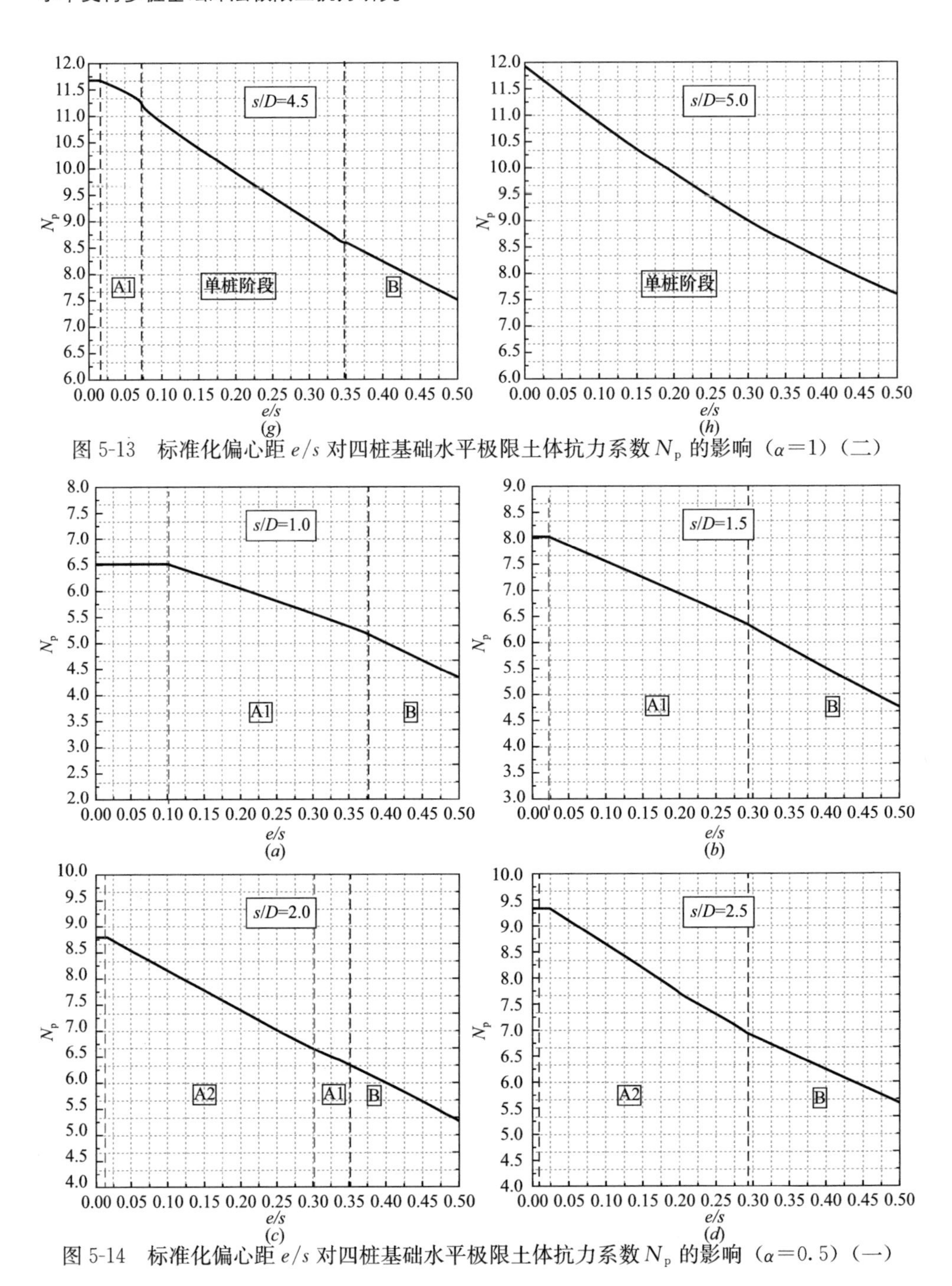

图 5-13　标准化偏心距 e/s 对四桩基础水平极限土体抗力系数 N_p 的影响（$\alpha=1$）（二）

图 5-14　标准化偏心距 e/s 对四桩基础水平极限土体抗力系数 N_p 的影响（$\alpha=0.5$）（一）

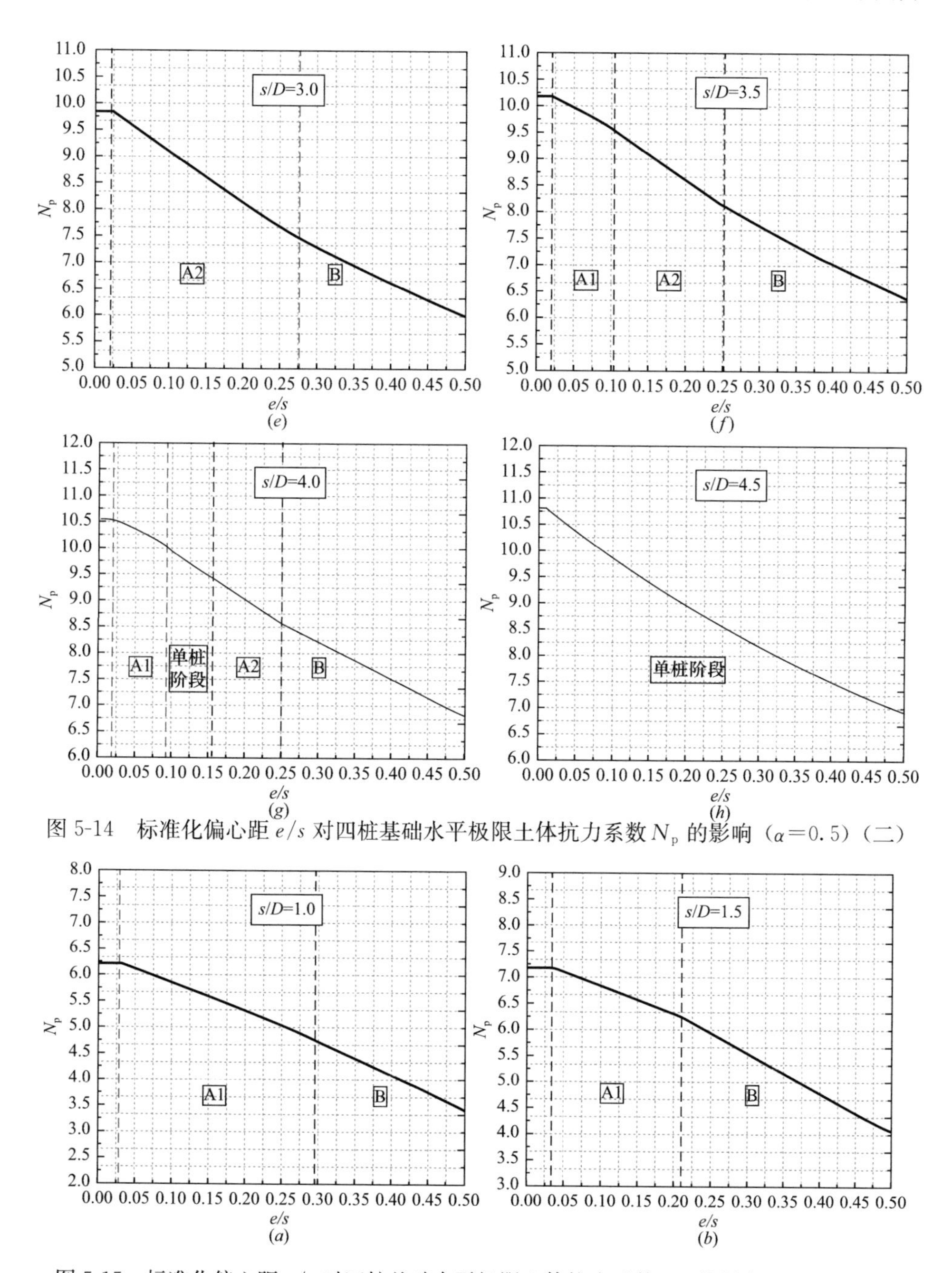

图 5-14　标准化偏心距 e/s 对四桩基础水平极限土体抗力系数 N_p 的影响（$\alpha=0.5$）（二）

图 5-15　标准化偏心距 e/s 对四桩基础水平极限土体抗力系数 N_p 的影响（$\alpha=0$）（一）

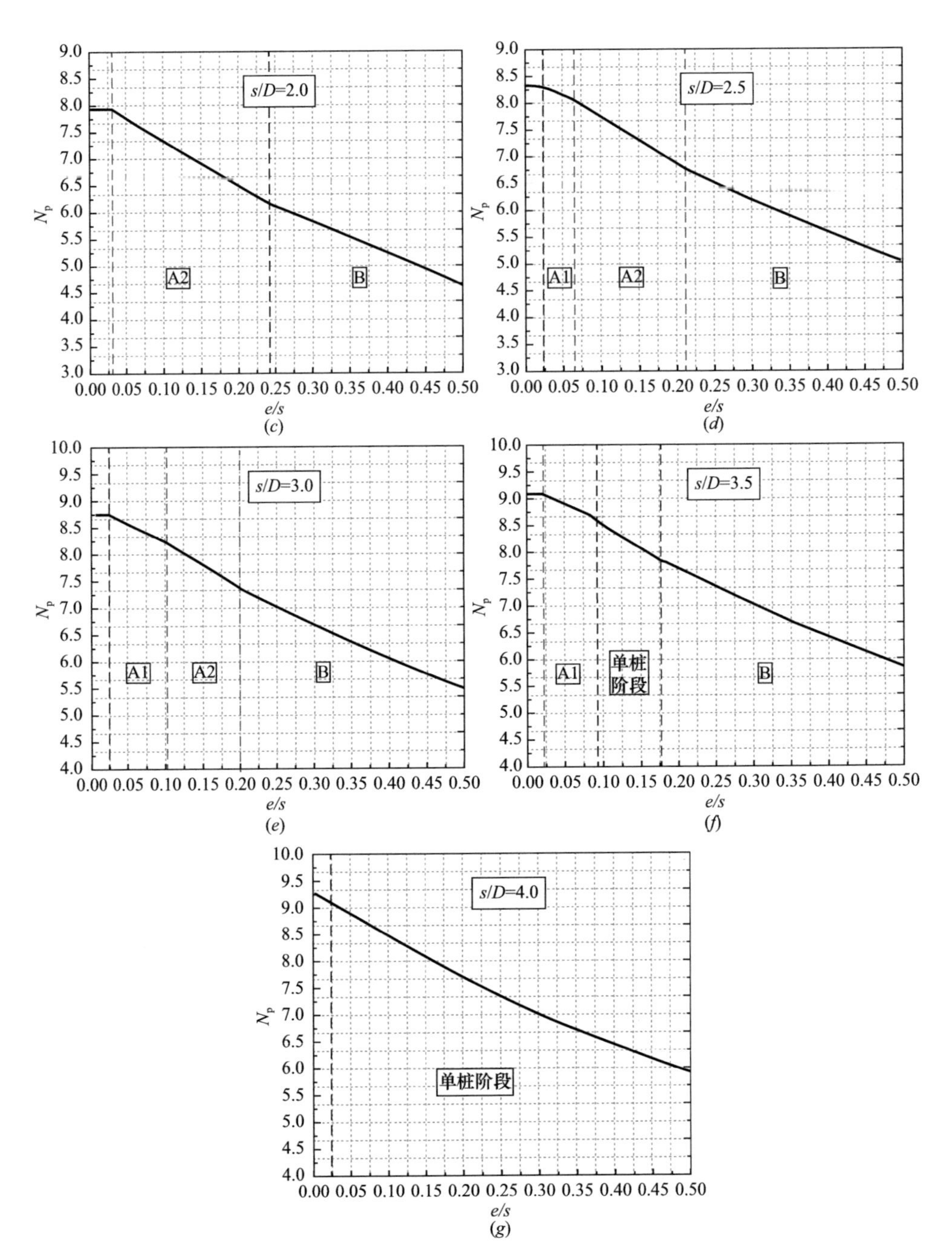

图 5-15　标准化偏心距 e/s 对四桩基础水平极限土体抗力系数 N_p 的影响（$\alpha=0$）（二）

另外，对于不同的标准化桩间距情况（$s/D=1\sim5$），四桩基础水平极限土体抗力系数随标准化偏心距下降的曲线（N_p—e/s 曲线）特征也有所不同：以桩—土黏结系数 $\alpha=1$ 为例（图 5-13），当标准化桩间距 $s/D\leqslant1.5$ 时，N_p 随标准化偏心距的变化呈现为典型的两段式下降，N_p 的下降速率由慢变快经历了两个阶段（阶段 A1 和阶段 B），且随着标准化桩间距的增加阶段 B 的范围逐渐变宽；当 $2.5\leqslant s/D\leqslant3.5$ 时，随标准化偏心距的增加 N_p 的下降也会经历两个阶段（阶段 A2 和阶段 B），但其下降速率由快变慢，同时阶段 B 的范围继续变宽；而当标准化桩间距 $s/D\geqslant4.5$ 时，在一定标准化偏心距条件下（$0.07\leqslant e/s\leqslant0.35$）发生了四桩基础极限土体抗力值的骤然降低，根据对周围土体内塑性流动样式的观察可以发现此时某一根桩周围土体内达到了局部的塑性流动破坏，从破坏模式上退化成单桩的破坏模式；当 $s/D=5$ 时，则该状况将会出现在整个标准化偏心距范围内（$0\leqslant e/s\leqslant0.5$）；而对于标准化桩间距 $s/D=2$ 和 4 的情况，N_p 的下降曲线正处于几种典型曲线类型（A1-B 型、A2-B 型和单桩型）的过渡阶段，因此呈现为三段式的下降（A1-A2-B 型或者 A2-A1-B 型）。

同样当桩—土黏结系数 α 降低（$\alpha=0.5$ 或 0）时，从水平极限土体抗力系数随标准化偏心距变化的曲线中也会观察到相似的规律（图 5-14 或图 5-15）。但可以明显发现由于桩—土界面黏结强度的降低很大程度削弱了桩与桩之间的相互作用，从而导致了在更小的标准化桩间距条件下（对于 $\alpha=0.5$，$s/D=4$；对于$\alpha=0$，$s/D=3.5$）就开始出现了上述的局部破坏（单桩破坏）的情况。

四桩基础水平极限土体抗力系数随荷载偏心距的变化规律可以通过周围土体内破坏模式的变化来解释。图 5-16 给出了当桩—土黏结系数 $\alpha=1$ 且标准化桩间距 $s/D=2$ 时，对应标准化偏心距 $e/s=0.15$、0.3 和 0.5 的四桩基础周围土体的破坏模式图，它们分别对应了图 5-13(c）中的阶段 A2、阶段 A1 和阶段 B。

从图中一共可以发现三种不同类型的破坏模式：对应图 5-16(a）和图 5-16(b）的局部平移破坏模式，对应图 5-16(c）和图 5-16(d）的整体平移破坏模式和对应图 5-16(e）和图 5-16(f）的整体转动破坏模式。局部平移破坏模式的主要特征是局部范围内塑性滑动保持了无荷载偏心作用时的滑动特征，但整体滑动面不包含所有桩体。整体平移破坏模式的主要特征是桩周土体整体上的塑性滑动保持了无荷载偏心作用时的滑动特征，但有明显的非对称性。而整体转动破坏模式的主要特征是由于外荷载产生的扭矩的增大使四桩基础周围土体的塑性流动打破了无荷载偏心作用时的平移滑动特征，而更倾向于形成整体转动。而正是因为在不同条件下这几类破坏模式的相互转化才导致了不同特征的 N_{p}—e/s 曲线的形成。

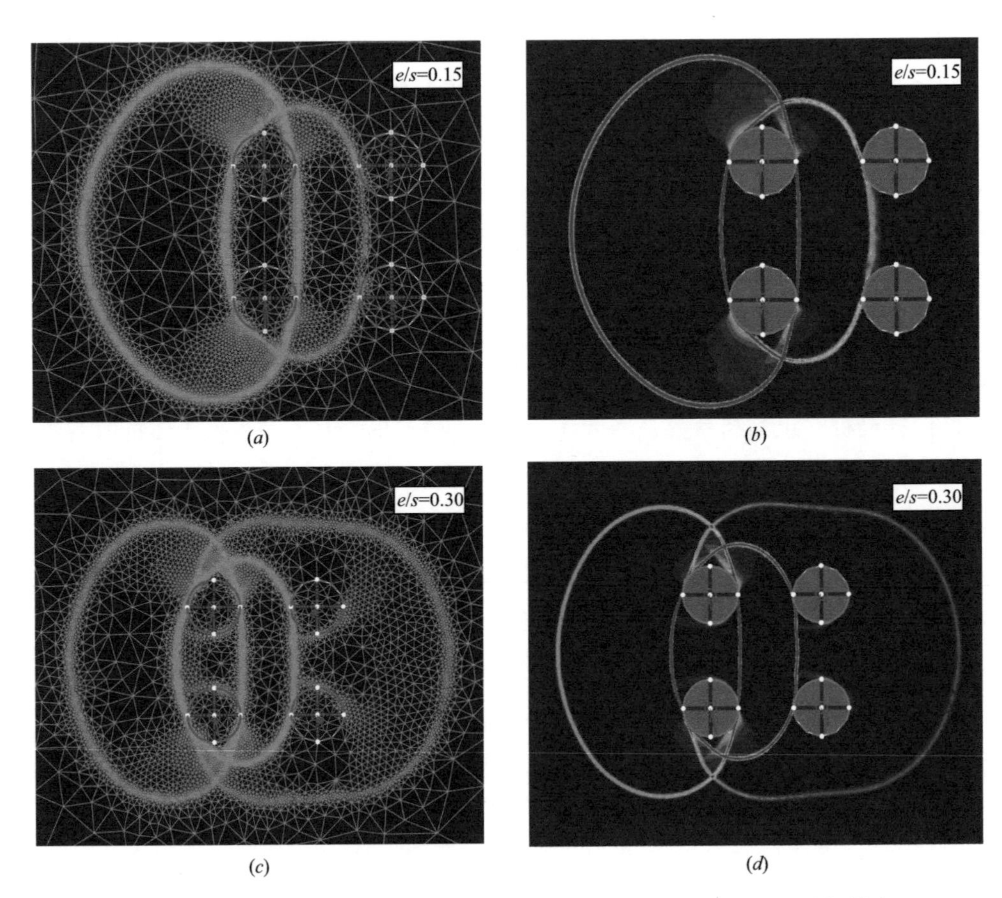

图 5-16　不同标准化偏心距条件下四桩基础（$\alpha=1$，$s/D=2.0$）的破坏模式：数值极限分析网格（左栏）和内能耗散图（右栏）（一）

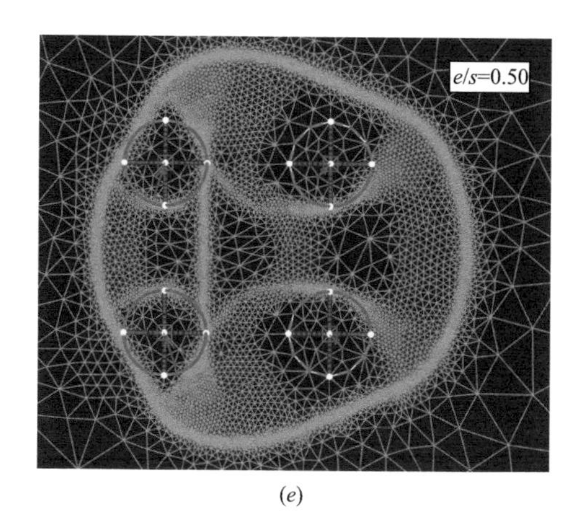

(e)

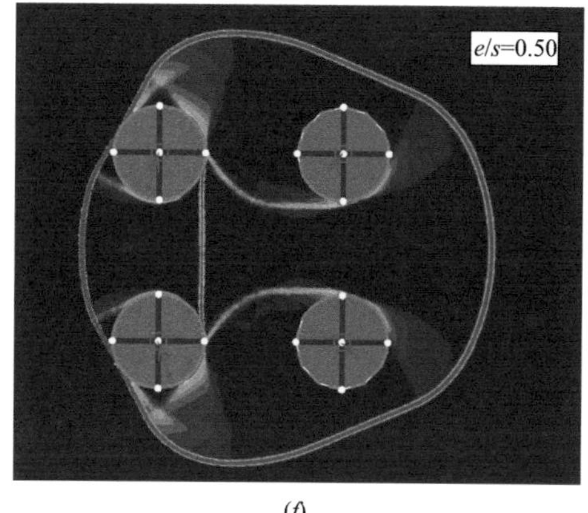

(f)

图 5-16　不同标准化偏心距条件下四桩基础（$\alpha=1$，$s/D=2.0$）的破坏模式：数值极限分析网格（左栏）和内能耗散图（右栏）（二）

5.5.3　四桩基础的偏心影响系数

为了量化标准化偏心距对四桩基础水平极限土体抗力的影响，进一步计算了四桩基础在不同标准化桩间距、桩—土黏结系数以及荷载偏心距条件下的偏心影响系数 G_N 的大小，偏心影响系数 G_N 的计算公式如式（5-2）。

图 5-17 呈现了对于桩—土黏结系数 $\alpha=1$、0.5、0 以及标准化桩间距 $s/D=1\sim4.5$ 的情况下偏心影响系数 G_N 随标准化偏心距 e/s 从 0～0.5 的变化曲线。很明显偏心影响系数 G_N 总是随着标准化偏心距的增大而减小，且当偏心距最大达到 0.5 倍桩间距时，G_N 最小可以达到的范围在 0.55～0.7 之间。另外对于不同桩—土黏结系数情况，标准化桩间距对偏心影响系数的影响规律也有所不同：当桩—土黏结系数 $\alpha=1$ 或 0.5 时，偏心影响系数随标准化桩间距的增大先减小后增大，在标准化桩间距 $s/D=2.5\sim3$ 附近达到最小值，另外对应标准化桩间距 $s/D=1$ 的偏心影响系数 G_N 均明显大于其他标准化桩间距情况；而当桩—土黏结系数 $\alpha=0$ 时，偏心影响系数在标准化偏心距较小时基本上随着标准化桩间距的增大而减小，而在标准化偏心距较大时随着标准化桩间距的增大而增大。从偏心影响系数 G_N 的具体数值上看，对应大标准化桩间距情况的 G_N 对桩—土黏结系数的变化相对不敏感，而对于小标准化桩间距情况（$s/D=1$），桩—土黏结

系数 α 的增大则会导致偏心影响系数值的骤然降低。

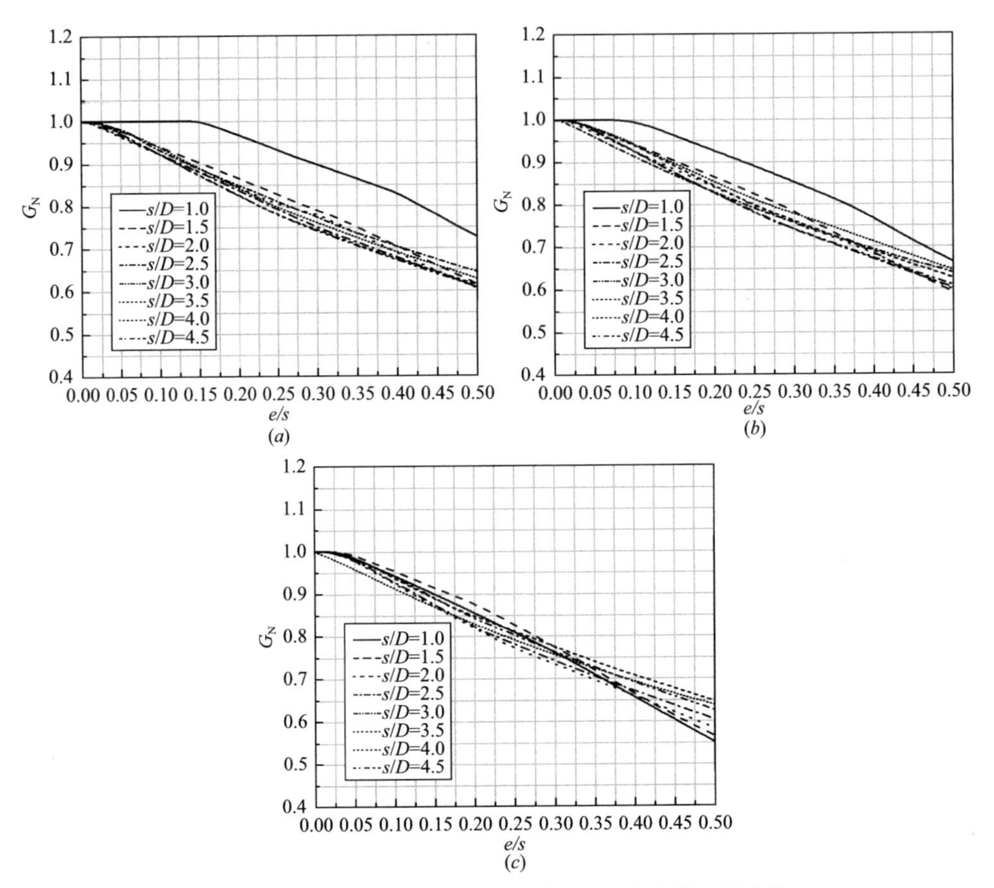

图 5-17　四桩基础偏心影响系数 G_N 随标准化偏心距变化

（a）α=1；（b）α=0.5；（c）α=0

5.6　本章小结

本章通过有限元极限分析方法，研究了荷载偏心作用对多桩基础（双桩、三桩和四桩基础）水平极限土体抗力的影响，探究了多桩基础周围土体破坏模式的特征，并给出了偏心影响系数 G_N 在不同标准化桩间距和桩—土黏结系数条件下的变化规律，得到的具体结论如下：

（1）当标准化偏心距 e/s 超过一定阈值之后，双桩基础的水平极限土体抗力系数 N_p 随标准化偏心距 e/s 的增大而减小。对于不同标准化桩间距情况，N_p 随 e/s 的下降曲线根据其斜率的变化可分为两种典型的曲线类型（双段下降型和单段下降型），并通过对其土体内部内能耗散等值图的观察归纳了两类典型的破坏模式。双桩基础的偏心影响系数 G_N 对桩间距的变化不甚敏感。

（2）当标准化偏心距 e/s 超过一定阈值之后，三桩基础的水平极限土体抗力系数 N_p 随标准化偏心距 e/s 的增大而减小。而且对于大部分标准化桩间距情况而言，根据其减小速率可分为两个阶段（阶段 A 和阶段 B），这两个阶段分别对应了两种不同的破坏模式（非对称平移破坏模式和转动破坏模式）。另外，三桩基础的偏心影响系数 G_N 受标准化桩间距和桩—土黏结系数的影响。当桩—土黏结系数 $\alpha=1$、0.5 时，偏心影响系数总是随着标准化桩间距的增大而减小；而当桩—土黏结系数 $\alpha=0$ 时，偏心影响系数在标准化偏心距较小时随着桩间距的增大而减小，但在标准化偏心距较大时随着标准化桩间距的增大而增大。

（3）当标准化偏心距 e/s 超过一定阈值之后，四桩基础的水平极限土体抗力系数 N_p 随标准化偏心距 e/s 的增大持续减小。而且对于不同标准化桩间距情况，N_p 随 e/s 的下降曲线根据其斜率的变化可分为几种典型的曲线类型（A1-B 型、A2-B 型、A1-A2-B 型和 A2-A1-B 型等）。不同斜率的曲线阶段（阶段 A1、阶段 A2 和阶段 B）分别对应了不同的破坏模式（整体平移破坏模式、局部平移破坏模式和整体转动破坏模式）。另外，对于不同桩—土黏结系数情况，四桩基础标准化桩间距对偏心影响系数 G_N 的影响规律也有所不同：当桩—土黏结系数 $\alpha=1$ 或 0.5 时，偏心影响系数随标准化桩间距的增大先减小后增大；而当桩—土黏结系数 $\alpha=0$ 时，偏心影响系数在标准化偏心距较小时随着标准化桩间距的增大而减小，但在标准化偏心距较大时随着标准化桩间距的增大而增大。

第6章 结论与展望

6.1 本书的主要结论

本书基于多种研究方法（理论极限分析上限解法、有限元分析法和有限元极限分析法），针对工程中常见多桩基础的水平极限土体抗力及其影响因素分析开展了相关研究。并以单桩基础为例探讨了塑性解答中小应变假定对桩基水平极限土体抗力的影响。完成的工作及得到的主要结论如下：

（1）本书通过有限元分析方法研究了桩周土几何非线性对桩基水平极限土体抗力解答的影响。对于修正剑桥黏土而言，当土体的弹性刚度较小（回弹曲线斜率较大）时，土体变形对土体抗力极限值的影响将十分显著。随着土体弹性刚度的减小（回弹曲线斜率的增大），达到土体抗力极限值所需的桩体水平位移不断增大，而土体的水平极限抗力不断减小。与基于小应变假定的塑性解答相比，最大的减小量可达原先值的24%。

（2）本书基于理论极限分析上限分析方法，针对不同桩间距情况的多桩基础（三桩基础和四桩基础）建立了不同的理论破坏模式。基于这些破坏模式优化求得了三桩基础和四桩基础水平极限土体抗力的极限分析上限解答。这些解答通过两种数值方法的分析验证，证明了水平受荷三桩基础和四桩基础极限分析上限解法的正确性。

（3）本书系统分析了桩间距、桩—土黏结系数、荷载作用方向等因素对多桩基础（三桩基础和四桩基础）水平极限土体抗力的影响规律。得到的基本规律如下：首先，在一定桩间距范围内三桩基础和四桩基础的极限土体抗力系数随桩间距的增大而增大，且根据增长速率的不同可分为多个阶段；其次，三桩基础和四桩基础极限土体抗力系数随桩—土黏结系数的增大是非线性的，其增长速率随桩—土黏结系数的增大而减小，而分界桩间距值随桩—土黏结系数的增大而增大；再次，三桩基础极限土体抗力系数对荷载作用方向的变化并不敏感，且荷载方向与 y 轴平行时最小，而四桩基础的极限土体抗力系数随荷载方向角的变化规律与桩—土黏结系数有关；最后，三桩基础和四桩基础的 p 乘子均随着桩—土黏结系数的增大而减小。对比几种常见的多桩基础（双桩基础、三桩基础和四桩基础）发现对于绝大部分桩间距情况三桩基础的 p 乘子高于双桩和四桩基础。

（4）本书还探究了水平偏心荷载作用下多桩基础（双桩、三桩基础和四桩基础）的极限土体抗力大小，讨论了不同荷载偏心距条件下多桩基础周围土体破坏模式的特征，发现对于双桩基础而言，水平极限土体抗力系数随荷载偏心距的增大而减小，且根据曲线斜率的不同发现了两类不同的破坏模式。对于三桩基础而言，水平极限土体抗力系数随荷载偏心距的增大而减小，且根据减小速率通常可分为两个阶段，它们对应了两种不同的破坏模式。而对于四桩基础而言，桩间距则会影响水平极限土体抗力系数随荷载偏心距下降曲线的曲线形式（两段式和三段式），不同斜率的曲线阶段则对应了不同的破坏模式。另外，不同桩—土黏结系数条件下桩间距对多桩基础偏心影响系数的影响规律也不同。对于三桩基础而言，当桩—土黏结系数较大时，偏心影响系数总是随桩间距的增大而减小，而桩—土黏结系数较小时，偏心影响系数在偏心距较小时随桩间距的增大而减小，但在偏心距大时随桩间距的增大而增大。对于四桩基础而言，当桩—土黏结系数较大时，偏心影响系数总是随桩间距的增大先减小后增大，而桩—土黏结系数较小时，偏心影响系数在偏心距较小时随桩间距的增大而减小，但在偏心距较大时随桩间距的增大而增大。

6.2 本书的主要创新点

本书的主要创新成果可以概括为：

（1）本书通过有限元分析方法得到了考虑土体几何非线性条件下的单桩基础水平极限土体抗力解答，通过与前人理论解答的对比，分析了传统单桩基础塑性解答中小应变假定对桩基水平极限土体抗力的影响，讨论了桩基极限土体抗力解答中考虑桩周土几何非线性（大应变）的重要性。

（2）基于极限分析上限理论，本书构建了完整的二维平面应变条件下考虑不同桩间距情况的多桩基础（三桩基础和四桩基础）水平受荷破坏模式，通过优化计算得到了多桩基础水平极限土体抗力的极限分析上限解答，拓展了极限分析方法在多桩基础水平受荷问题上的应用。通过数值方法的对比分析对多桩基础水平极限土体抗力的理论解答进行了验证，并系统地分析了桩间距、桩—土黏结系数、荷载作用方向等因素对多桩基础水平极限土体抗力的影响规律。

（3）本书研究了偏心荷载作用下多桩基础（双桩、三桩和四桩基础）的水平极限土体抗力问题，探索了荷载偏心作用对多桩基础极限土体抗力大小以及桩—土破坏特征的影响。通过引入偏心影响系数的概念，量化了不同桩间距、桩—土黏结系数条件下荷载偏心距对多桩基础水平极限土体抗力的减弱作用。丰富了人们对多桩基础偏心受荷问题的认识。

6.3 存在的不足及研究展望

桩基础的水平极限土体抗力问题一直以来都被国内外学者和工程师们密切关注，然而已有文献中的研究多依赖于现场试验或者模型试验研究，严格的理论研究和数值分析十分缺乏。本书基于理论极限分析上限解法，结合数值分析手段开展了实际工程中多桩基础的水平极限土体抗力研究，对多桩基础的各类影响因素进行了系统全面的讨论，同时文中还基于有限元方法分析了桩周土的几何非线性对单桩水平极限土体抗力的影响。但是由于本人能力有限，还存在以下不足有待进一步研究：

（1）本书对二维平面应变条件下多桩基础的水平极限土体抗力问题进行了研究，该解答适用于深度超过临界深度值的大部分桩体，给出了水平极限土体抗力沿深度变化的最大值，但对于深度小于临界深度值即靠近地表的部分目前尚未有人给出解答。因此需要进一步构建三维空间内多桩基础的理论破坏模式。

（2）本书仅考虑了单一静力水平荷载下多桩基础的极限土体抗力问题，然而在实际工程中，外部环境产生的水平力可能是循环动力荷载（例如海洋工程中的风、波浪荷载），因此循环荷载下多桩基础的水平受荷问题将也会是接下来研究的重点问题。

（3）本书仅从理论和数值的角度研究了多桩基础的水平极限土体抗力问题，为了令本书的研究成果对工程有更好的参考价值，在接下来的工作中应进一步展开水平受荷多桩基础的试验研究。

符号表

D	桩的直径
a	桩—土黏结系数
s	桩间距
e	荷载偏心距
θ	荷载作用方向角（桩运动方向与坐标轴 y 轴的夹角）
F	水平外荷载
p	桩周土体抗力
N_{p0}	桩基的水平极限土体抗力系数 p/s_uD
p_u	单位桩长桩基的水平极限土体抗力
N_p	桩基的水平极限土体抗力系数 p_u/s_uD
N_{ps}	单桩基础水平极限土体抗力系数的塑性解答
y	桩体位移
$(y/D)_t$	屈服位移桩径比
R	桩的半径
n	桩的数量
λ	修正剑桥模型中的压缩曲线斜率
M	修正剑桥模型中的屈服应力比
κ	修正剑桥模型中的回弹曲线斜率
e_0	土体的初始孔隙比
p_0'	土体的初始平均有效应力
OCR	土体的超固结比
k_v，k_h	土体的渗透系数
ν_p	桩的泊松比
ν_u	土体的泊松比

E_{u}	土体的杨氏模量
E_{p}	桩的杨氏模量
K_{t}	土体的体积模量
G_{t}	土体的剪切模量
s_{u}	土体的不排水剪切强度
τ_{f}	速度（位移）非连续边界上的极限剪切强度
p_{m}	$-\frac{1}{3}\mathrm{trace}\boldsymbol{\sigma}$ 平均（有效）应力
t_{m}	$\frac{1}{2}q_{\mathrm{m}}\left[1+\frac{1}{K}-\left(1-\frac{1}{K}\right)\left(\frac{r_{\mathrm{m}}}{q_{\mathrm{m}}}\right)^{3}\right]$偏应力
q_{m}	$\sqrt{\frac{3}{2}\mathbf{S}:\mathbf{S}}=\sqrt{3J_2}$ 等效应力
J_2	第二偏应力不变量
r_{m}	$\left(\frac{9}{2}\mathbf{S}:\mathbf{S}\cdot\mathbf{S}\right)^{\frac{1}{3}}$第三应力不变量
β_{m}，a，K	ABAQUS 中修正剑桥模型屈服面的控制参数
v_0	桩的移动速度
v	破坏模式中各区域内的速度场
Δv	破坏模式中速度（位移）非连续边界上的速度变化
v_{n}	破坏模式内速度（位移）非连续边界上的法向速度
$v_{x'}$	局部直角坐标系（x'，y'）下速度场沿 x'轴方向的分量
$v_{y'}$	局部直角坐标系（x'，y'）下速度场沿 y'轴方向的分量
$\dot{\varepsilon}_{ij}$	剪切应变率
L	速度（位移）非连续边界的长度
$\dot{W}_{\mathrm{e}}$	外荷载做功功率
$\dot{D}_i$	破坏模式中总的内能耗散率
$\dot{D}_{\mathrm{d}}$	破坏模式中速度（位移）非连续边界上的内能耗散率
$\dot{D}_{\mathrm{r}}$	破坏模式中塑性变形区内的内能耗散率

f	计算的目标函数
f_{m}	群（多）桩基础的 p 乘子
G_{N}	荷载偏心影响系数
s_{ab}，s_{bc}，s_{cs}，s_{bs}	分界桩间距
$\boldsymbol{F}$	水平荷载矢量
$\boldsymbol{F}_{\mathrm{f}}$，$\boldsymbol{F}_{\mathrm{l}}$，$\boldsymbol{F}_{\mathrm{r}}$	三桩基础中各桩上的外力矢量
$\boldsymbol{F}_{11}$，$\boldsymbol{F}_{12}$，$\boldsymbol{F}_{21}$，$\boldsymbol{F}_{22}$	四桩基础中各桩上的外力矢量
β	小桩间距三/四桩破坏模式中的优化角度参数
λ_0	三/四桩破坏模式中的优化比值参数
Λ	$\arccos\lambda_0$
β_{b}，ε_{b}，ω_{b}，δ_{b}，ζ_{b}	大桩间距三桩破坏模式中的优化角度参数
β_1，β_2，ω	中大桩间距四桩破坏模式中的优化角度参数
β_1'，β_2'	改进后中大桩间距四桩破坏模式中的优化角度参数
ρ，q，ψ	描述小桩间距三桩破坏模式的变量（图 3-9）
γ_{b}，χ_{b}	描述大桩间距三桩破坏模式的角度变量（图 3-11）
ρ'，q'，ζ'，φ'	描述塑性区 OEFD 速度场的变量（图 3-12）
A，B，M_0，N，O	大桩间距三桩破坏模式中的计算变量
η，r，d	描述四桩破坏模式中的变量（图 3-18）
β'，λ'，η'，r'	描述中大桩间距四桩破坏模式中的变量（图 3-20 和图 3-21）
ε，ε_0，ε_1，R_0，Λ'	中桩间距四桩破坏模式中的计算变量
t，z	大桩间距四桩破坏模式中的计算变量

参考文献

[1] 刘金砺，黄强，李华. 竖向荷载下群桩变形性状及沉降计算 [J]. 岩土工程学报，1995，17 (6)：1-13.

[2] Tomlinson M，Woodward J. Pile design and construction practice，fourth edition [M]. CRC Press，1987.

[3] 刘金砺. 桩基础设计与计算 [M]. 北京：中国建筑工业出版社，1990.

[4] Randolph M F，Wroth C P. Analysis of deformation of vertically loaded piles [J]. Journal of Geotechnical and Geoenvironmental Engineering，1978，104 (ASCE 14262).

[5] 胡春林，李向东，吴朝晖. 后压浆钻孔灌注桩单桩竖向承载力特性研究 [J]. 岩石力学与工程学报，2001，20 (4)：546.

[6] 陈兰云，陈云敏，张卫民. 饱和软土中钻孔灌注桩竖向承载力时效分析 [J]. 岩土力学，2006，27 (3)：471-474.

[7] 纠永志，黄茂松. 开挖条件下黏土中单桩竖向承载特性模型试验与分析 [J]. 岩土工程学报，2016，38 (2)：202-209.

[8] Chen J Y，Gilbert R B，Puskar F J，et al. Case sudy of offshore pile system failure in hurricane ike [J]. Journal of Geotechnical & Geoenvironmental Engineering，2013，139 (10)：1699-1708.

[9] Puskar F J，Aggarwal R K，Cornell C A，et al. A comparison of analytically predicted platform damage to actual platform damage during Hurricane Andrew [C]. Offshore Technology Conference，1994.

[10] Puskar F J，Ku A P，Sheppard R E. Hurricane Lili's impact on fixed platforms and calibration of platform performance to API RP 2A [C]. Offshore Technology Conference，2004.

[11] Puskar F J，Spong R E，Ku A P，et al. Assessment of fixed offshore platform performance in Hurricane Ivan [C]. Offshore Technology Conference，2006.

[12] Puskar F J，Verret S M，Roberts C. Fixed platform performance during recent hurricanes：Comparison to design standards [C]. Offshore Technology Conference，2007.

[13] Aggarwal R K, Dolan D K, Cornell C A. Development of bias in analytical predictions based on behavior of platforms during hurricanes [C]. Offshore Technology Conference, 1996.

[14] Aggarwal R K, Litton R W, Cornell C A. Development of pile foundation bias factors using observed behavior of platforms during hurricane Andrew [C]. Offshore Technology Conference, 1996.

[15] Bea R G, Jin. Z, Valle C, et al. Evaluation of reliability of platform pile foundations [J]. Journal of Geotechnical & Geoenvironmental Engineering, 1999, 125 (8): 696-704.

[16] Gilbert R B, Chen J Y, Materek B, et al. Comparison of observed and predicted performance for jacket pile foundations in hurricanes [C]. Offshore Technology Conference, 2010.

[17] Rase P E. Theory of lateral bearing capacity of piles: Proc. 1st ICSMFE [C]. 1936.

[18] 韩理安. 水平承载桩的计算 [M]. 长沙：中南大学出版社，2004.

[19] Broms B B. Lateral resistance of piles in cohesive soils [J]. Journal of the Soil Mechanics and Foundations Division, 1964, 90 (2): 27-64.

[20] Broms B B. Lateral resistance of piles in cohesionless soils [J]. Journal of the Soil Mechanics and Foundations Division, 1964, 90 (3): 123-158.

[21] Broms B B. Design of laterally loaded piles [J]. Journal of the Soil Mechanics and Foundations Division, 1965, 91 (3): 77-99.

[22] Chang Y L. Discussion on "Lateral pile-loading tests" by Feagin L B [J]. Transactions of the American Society of Civil Engineers, 1937, 102: 272-278.

[23] Hetenyi M. Beams on elastic foundation [M]. Ann Arbor, Michigan: University of Michigan Press, 1946.

[24] 顾明. 水平循环及偏心荷载作用下群桩性状模型试验研究 [D]. 杭州：浙江大学，2014.

[25] JGJ 94—1994. 建筑桩基技术规范 [S]. 北京：中国建筑工业出版社，2008.

[26] JTJ 024—1985. 公路桥涵地基与基础设计规范 [S]. 北京：人民交通出版社，1985.

[27] 吴恒立. 计算推力桩的综合刚度原理和双参数法 [M]. 北京：人民交通出版社，1990.

[28] 吴恒立. 推力桩计算方法的研究 [J]. 土木工程学报，1995，28 (2)：20-28.

[29] McClelland B, Focht J A. Soil modulus for laterally loaded piles [J]. Transactions of the

American Society of Civil Engineers，1958，123（1）：1049-1063.

[30] Matlock H. Correlations for design of laterally loaded piles in soft clay [J]. Offshore Technology in Civil Engineering Hall of Fame Papers from the Early Years，1970：77-94.

[31] Reese L C，Cox W R，Koop F D. Analysis of laterally loaded piles in sand [J]. Offshore Technology in Civil Engineering Hall of Fame Papers from the Early Years，1974：95-105.

[32] Reese L C，Welch R C. Lateral loading of deep foundations in stiff clay [C]. 7th offshore technology conference，1975.

[33] Reese L C，Welch R C. Lateral loading of deep foundations in stiff clay [J]. Journal of Geotechnical and Geoenvironmental Engineering，1975，101（7）：633-649.

[34] Recommended practice for planning，designing，and constructing fixed offshore platforms [S]. American Petroleum Institute，1989.

[35] Stevens J B，Audibert J M. Re-examination of p-y curve formulations [C]. Offshore technology conference，1979.

[36] Lee P Y，Gilbert L W. Behavior of laterally loaded pile in very soft clay [C]. Offshore Technology Conference，1979.

[37] R S W，Reese L C，Fenske C W. Unified method for analysis of laterally loaded piles in clay. In：Numerical methods in offshore piling [M]. Thomas Telford Publishing，1980.

[38] 章连洋，陈竹昌. 黏性土中 p—y 曲线的计算新方法 [J]. 中国港湾建设，1991，(2)：29-35.

[39] 章连洋，陈竹昌. 计算黏性土 p—y 曲线的方法 [J]. 海洋工程，1992，(4)：50-58.

[40] 王惠初，武冬青，田平. 黏土中横向静载桩 p—y 曲线的一种新的统一法 [J]. 河海大学学报：自然科学版，1991，(1)：9-17.

[41] 田平，王惠初. 黏土中横向周期性荷载桩的 p—y 曲线统一法 [J]. 河海大学学报：自然科学版，1993，(1)：9-14.

[42] 田平，王惠初. 黏土中横向荷载桩的 p—y 曲线法评述 [J]. 河海大学学报：自然科学版，1994，(2)：72-76.

[43] 杨国平，张志明. 对大变位条件下横向受力桩 p—y 曲线的研究 [J]. 水运工程，2002，(7)：40-45.

[44] Fan C C，Long J H. Assessment of existing methods for predicting soil response of laterally loaded piles in sand [J]. Computers and Geotechnics，2005，32（4）：274-289.

[45] Douglas D J, Davis E H. The movement of buried footings due to moment and horizontal load and the movement of anchor plates [J]. Geotechnique, 1964, 14 (2): 115-132.

[46] Spillers W R, Stoll R D. Lateral response of piles [J]. Journal of the Soil Mechanics and Foundations Division, 1964, 90 (6): 1-10.

[47] Poulos H G. Behavior of laterally loaded piles I: single piles [J]. Journal of Soil Mechanics & Foundations Division, 1971.

[48] Poulos H G. Behavior of laterally loaded piles III: socketed piles [J]. Journal of the Soil Mechanics and Foundations Division, 1972, 98 (4): 341-360.

[49] Poulos H G. Analysis of piles in soil undergoing lateral movement [J]. Journal of Soil Mechanics & Foundations Division, 1973, 99 (4): 391-406.

[50] 宋东辉，徐晶. 半无限弹性体地基上水平荷载桩的静力分析 [J]. 土木工程学报，2004，37 (11)：89-91.

[51] 赵明华，邹新军，罗松南，等. 横向受荷桩桩侧土体位移应力分布弹性解 [J]. 岩土工程学报，2004，26 (6)：767-771.

[52] 周洪波，杨敏，杨桦. 水平受荷桩的耦合算法 [J]. 岩土工程学报，2005，27 (4)：434-436.

[53] Randolph M F. The response of flexible piles to lateral loading [J]. Geotechnique, 1981, 31 (2): 247-259.

[54] Brown D A, Shie C F. Three dimensional finite element model of laterally loaded piles [J]. Computers and Geotechnics, 1990, 10 (1): 59-79.

[55] Brown D A, Shie C F. Some numerical experiments with a three dimensional finite element model of a laterally loaded pile [J]. Computers and Geotechnics, 1991, 12 (2): 149-162.

[56] Yang Z, Jeremić B. Numerical analysis of pile behaviour under lateral loads in layered elastic-plastic soils [J]. International Journal for Numerical and Analytical Methods in Geomechanics, 2002, 26 (14): 1385-1406.

[57] Yang Z, Jeremić B. Study of soil layering effects on lateral loading behavior of piles [J]. Journal of Geotechnical and Geoenvironmental Engineering, 2005, 131 (6): 762-770.

[58] 郑刚，王丽. 成层土中倾斜荷载作用下桩承载力有限元分析 [J]. 岩土力学，2009，30 (3)：680-687.

[59] 史文清，王建华，陈锦剑. 考虑桩土接触面特性的水平受荷单桩数值分析 [J]. 上海交

通大学学报，2006，40 (8)：1457-1460.

[60] 洪勇，谢耀峰，周月慧，等. 水平荷载单桩的三维有限元分析 [J]. 水道港口，2007，28 (1)：48-53.

[61] 周月慧，洪勇，颜静. 水平荷载下单桩的三维有限元模拟与参数分析 [J]. 中外公路，2007，27 (3)：50-54.

[62] Georgiadis K，Georgiadis M. Undrained lateral pile response in sloping ground [J]. Journal of Geotechnical and Geoenvironmental Engineering，2010，136 (11)：1489-1500.

[63] 周健，张刚，曾庆有. 主动侧向受荷桩模型试验与颗粒流数值模拟研究 [J]. 岩土工程学报，2007，29 (5)：650-656.

[64] 周健，亓宾，曾庆有. 被动侧向受荷桩模型试验及颗粒流数值模拟研究 [J]. 岩土工程学报，2007，29 (10)：1449-1454.

[65] 赵明华，汪优，黄靓. 水平受荷桩的非线性无网格法分析 [J]. 岩土工程学报，2007，29 (6)：907-912.

[66] 赵明华，刘敦平，邹新军. 横向荷载下桩—土相互作用的无网格分析 [J]. 岩土力学，2008，29 (9)：2476-2480.

[67] 王成，邓安福. 水平荷载桩桩土共同作用全过程分析 [J]. 岩土工程学报，2001，23 (4)：476-480.

[68] Standard O. Design of offshore wind turbine structure [J]. Det Nor Ske Veritas，2007，581.

[69] Jeanjean P. Re-assessment of p—y curves for soft clays from centrifuge testing and finite element modeling [C]. Offshore Technology Conference，2009.

[70] Templeton J S. Finite element analysis of conductor/seafloor interaction [C]. Offshore Technology Conference，2009.

[71] 朱斌，杨永垚，余振刚，等. 海洋高桩基础水平单调及循环加载现场试验 [J]. 岩土工程学报，2012，34 (6)：1028-1037.

[72] Poulos H G. Single pile response to cyclic lateral load [J]. Journal of Geotechnical and Geoenvironmental Engineering，1982，108 (3)：355-375.

[73] Georgiadis M，Anagnostopoulos C，Saflekou S. Centrifugal testing of laterally loaded piles in sand [J]. Canadian Geotechnical Journal，1992，29 (2)：208-216.

[74] Rajashree S S，Sundaravadivelu R. Degradation model for one-way cyclic lateral load on piles in soft clay [J]. Computers and Geotechnics，1996，19 (4)：289-300.

[75] 唐永胜，张鸿文，黄小明，等. 水平循环荷载下饱和砂土中桩—土相互作用机理的试验研究 [J]. 中国港湾建设，2010，(4)：26-29.

[76] Meyerhof G G，Ghosh D P. Ultimate capacity of flexible piles under eccentric and inclined loads [J]. Canadian Geotechnical Journal，1989，26 (1)：34-42.

[77] Sastry V，Meyerhof G G. Behaviour of flexible piles under inclined loads [J]. Canadian Geotechnical Journal，1990，27 (1)：19-28.

[78] Yalcin A S，Meyerhof G G. Bearing capacity of flexible piles under eccentric and inclined loads in layered soil [J]. Canadian Geotechnical Journal，1991，28 (6)：909-917.

[79] 赵明华，侯运秋. 倾斜荷载下桥梁桩基的计算与试验研究 [J]. 湖南大学学报：自然科学版，1999，26 (2)：86-91.

[80] 顾国锋，赵春风，李尚飞，等. 砂土中组合荷载下单桩承载特性的室内模型试验研究 [J]. 岩土工程学报，2011，33 (S2)：379-383.

[81] Walsh J M. Full-scale lateral load test of a 3x5 pile group in sand [D]. Brigham Young University，2005.

[82] Poulos H G. Behavior of laterally loaded piles II：pile groups [J]. Journal of Soil Mechanics & Foundations Division，1971，97 (SM5)：733-751.

[83] Poulos H G. Lateral load-deflection prediction for pile groups [J]. Journal of Geotechnical and Geoenvironmental Engineering，1975，101 (1)：19-34.

[84] Poulos H G. Group factors for pile-deflection estimation [J]. Journal of Geotechnical and Geoenvironmental Engineering，1979，105 (12)：1489-1509.

[85] Focht J A，Koch K J. Rational analysis of the lateral performance of offshore pile groups [C]. Offshore Technology Conference，1973.

[86] 周洪波，茜平一，杨波，等. 水平荷载作用下群桩计算方法研究 [J]. 工程勘察，1999，(3)：21-23.

[87] 仝伦，谢耀峰. 水平承载群桩计算方法的研究 [J]. 山西建筑，2007，33 (25)：18-19.

[88] Patra N R，Pise P J. Ultimate lateral resistance of pile groups in sand [J]. Journal of Geotechnical and Geoenvironmental Engineering，2001，127 (6)：481-487.

[89] Ilyas T，Leung C F，Chow Y K，et al. Centrifuge model study of laterally loaded pile groups in clay [J]. Journal of Geotechnical and Geoenvironmental Engineering，2004，130 (3)：274-283.

[90] 韩理安. 桩基水平承载力的群桩效率 [J]. 岩土工程学报，1984，6 (3)：66-74.

[91] 韩理安. 群桩水平承载力的实用计算 [J]. 岩土工程学报，1986，8 (3)：27-36.

[92] Brown D A，Morrison C，Reese L C. Lateral load behavior of pile group in sand [J]. Journal of Geotechnical Engineering，1988，114 (11)：1261-1276.

[93] Zhang L，McVay M C，Lai P. Numerical analysis of laterally loaded 3× 3 to 7× 3 pile groups in sands [J]. Journal of Geotechnical and Geoenvironmental Engineering，1999，125 (11)：936-946.

[94] McVay M C，Zhang L，Molnit T，et al. Centrifuge testing of large laterally loaded pile groups in sands [J]. Journal of Geotechnical and Geoenvironmental Engineering，1998，124 (10)：1016-1026.

[95] Yang Z，Jeremić B. Numerical study of group effects for pile groups in sands [J]. International Journal for Numerical and Analytical Methods in Geomechanics，2003，27 (15)：1255-1276.

[96] Fan C C，Long J H. A modulus-multiplier approach for non-linear analysis of laterally loaded pile groups [J]. International Journal for Numerical and Analytical Methods in Geomechanics，2007，31 (9)：1117-1145.

[97] Comodromos E M，Pitilakis K D. Response evaluation for horizontally loaded fixed-head pile groups using 3-D non-linear analysis [J]. International Journal for Numerical and Analytical Methods in Geomechanics，2005，29 (6)：597-625.

[98] 茜平一，周洪波. 水平荷载群桩三维有限元分析研究 [J]. 岩土工程技术，1999，13 (4)：44-48.

[99] 周洪波，茜平一. 水平荷载群桩三维有限元分析研究 [J]. 陕西建筑，1999，(4)：18-22.

[100] 周洪波，杨敏，茜平一. 水平荷载作用下群桩相互作用的弹塑性数值分析 [J]. 水文地质工程地质，2003，(3)：29-35.

[101] 周常春，邓安福，张明义，等. 水平荷载下群桩前后土体抗力分布的数值分析 [J]. 地下空间，2003，23 (1)：17-21.

[102] Kotthaus M，Grundhoff T，Jessberger H L. Single piles and pile rows subjected to static and dynamic lateral load [C]. Proceedings of Centrifuge，A. A. Balkema，Rotterdam，the Netherlands，1994.

[103] Rollins K M，Peterson K T，Weaver T J. Lateral load behavior of full-scale pile group in clay [J]. Journal of Geotechnical and Geoenvironmental Engineering，1998，124 (6)：468-478.

[104] Rollins K M, Olsen R J, Egbert J J, et al. Pile spacing effects on lateral pile group behavior: load tests [J]. Journal of Geotechnical and Geoenvironmental Engineering, 2006, 132 (10): 1262-1271.

[105] Rollins K M, Olsen R J, Jensen D H, et al. Pile spacing effects on lateral pile group behavior: Analysis [J]. Journal of Geotechnical and Geoenvironmental Engineering, 2006, 132 (10): 1272-1283.

[106] Chandrasekaran S S, Boominathan A, Dodagoudar G R. Group interaction effects on laterally loaded piles in clay [J]. Journal of Geotechnical and Geoenvironmental Engineering, 2009, 136 (4): 573-582.

[107] 何光春. 黏土中横向受荷群桩性状的试验研究 [J]. 重庆交通大学学报：自然科学版，1989，8 (2)：79-88.

[108] 韩洁. 横向静载群桩效应研究 [D]. 南京：河海大学，2001.

[109] 谢耀峰. 水平荷载下群桩 p—y 曲线的试验研究 [J]. 土工基础，1996，(2)：27-34.

[110] Murff J D, Hamilton J M. P-ultimate for undrained analysis of laterally loaded piles [J]. Journal of Geotechnical Engineering, 1993, 119 (1): 91-107.

[111] Georgiadis K, Sloan S W, Lyamin A V. Undrained limiting lateral soil pressure on a row of piles [J]. Computers and Geotechnics, 2013, 54: 175-184.

[112] Randolph M F, Houlsby G T. The limiting pressure on a circular pile loaded laterally in cohesive soil [J]. Géotechnique, 1984, 34 (4): 613-623.

[113] Murff J D, Wagner D A, Randolph M F. Pipe penetration in cohesive soil [J]. Géotechnique, 1989, 39 (2): 213-229.

[114] Christensen H, Niewald G. Laterally loaded piles in clay [C]. Proc. 11th Nordic Geotechnical Meeting, NGM-92, Aalborg, 1992.

[115] Martin C M, Randolph M F. Upper-bound analysis of lateral pile capacity in cohesive soil [J]. Géotechnique, 2006, 56 (2): 141-145.

[116] Klar A, Randolph M F. Upper-bound and load-displacement solutions for laterally loaded piles in clays based on energy minimisation [J]. Géotechnique, 2008, 58 (10): 815-820.

[117] Klar A, Osman A S. Continuous velocity fields for the T-bar problem [J]. International Journal for Numerical and Analytical Methods in Geomechanics, 2008, 32 (8): 949-963.

[118] Yu J, Huang M, Zhang C. Three-dimensional upper-bound analysis for ultimate bearing capacity of laterally loaded rigid pile in undrained clay [J]. Canadian Geotechnical Journal, 2015, 52 (11): 1775-1790.

[119] Yu J, Huang M, Leung C F, et al. Upper bound solution of a laterally loaded rigid monopile in normally consolidated clay [J]. Computers and Geotechnics, 2017, 91: 131-145.

[120] Georgiadis K, Sloan S W, Lyamin A V. Ultimate lateral pressure of two side-by-side piles in clay [J]. Géotechnique, 2013, 63 (9): 733-745.

[121] Georgiadis K, Sloan S W, Lyamin A V. Effect of loading direction on the ultimate lateral soil pressure of two piles in clay [J]. Géotechnique, 2013, 63 (13): 1170-1175.

[122] Mokwa R L, Duncan J M. Discussion of "Centrifuge Model Study of Laterally Loaded Pile Groups in Clay" by T. Ilyas, CF Leung, YK Chow, and SS Budi [J]. Journal of Geotechnical and Geoenvironmental Engineering, 2005, 131 (10): 1305-1308.

[123] Van Impe W F, Reese L C. Single piles and pile groups under lateral loading [M]. CRC press, 2010.

[124] Georgiadis K. Variation of limiting lateral soil pressure with depth for pile rows in clay [J]. Computers and Geotechnics, 2014, 62: 164-174.

[125] Yu X, Zeng X, Wang X. Seismic centrifuge modelling of offshore wind turbine with tripod foundation [C]. 2013 IEEE Ennergytech, 2013.

[126] Elshafey A A, Haddara M R, Marzouk H. Dynamic response of offshore jacket structures under random loads [J]. Marine Structures, 2009, 22 (3): 504-521.

[127] 李志刚，袁志林，段梦兰，等. 导管架平台桩—土相互作用试验系统研制及应用 [J]. 岩土力学，2012，33 (12)：3833-3840.

[128] Mostafa Y E, El Naggar M H. Response of fixed offshore platforms to wave and current loading including soil-structure interaction [J]. Soil Dynamics and Earthquake Engineering, 2004, 24 (4): 357-368.

[129] Abhinav K A, Saha N. Coupled hydrodynamic and geotechnical analysis of jacket offshore wind turbine [J]. Soil Dynamics and Earthquake Engineering, 2015, 73: 66-79.

[130] Ku C Y, Chien L K. Modeling of load bearing characteristics of jacket foundation piles for offshore wind turbines in Taiwan [J]. Energies, 2016, 9 (8): 625.

[131] Pan J L, Goh A T, Wong K S, et al. Model tests on single piles in soft clay [J]. Ca-

nadian Geotechnical Journal，2000，37 (4)：890-897.

[132] Simulia D S. ABAQUS 6. 13 User's mannual [M]. Dassault Systems，Providence，2013.

[133] Potts D，Gens A. The effect of the plastic potential in boundary value problems involving plane strain deformations [J]. International Journal for Numerical and Analytical Methods in Geomechanics，1984，8 (3)：259-286.

[134] Zhang C，White D，Randolph M. Centrifuge modelling of the cyclic lateral response of a rigid pile in soft clay [J]. Journal of Geotechnical and Geoenvironmental Engineering，2011，137 (7)：717-729.

[135] Byrne B W，Houlsby G T. Assessing novel foundation options for offshore wind turbines [C]. World Maritime Technology Conference，London，2006.

[136] Feld T，Rasmussen J L，Sørensen P H. Structural and economic optimization of offshore wind turbine support structure and foundation [C]. International Offshore Mechanics and Arctic Engineering Conference OMAE，New Foundland，1999.

[137] Zaaijer M B. Foundation modelling to assess dynamic behaviour of offshore wind turbines [J]. Applied Ocean Research，2006，28 (1)：45-57.

[138] Brinkgreve R B J，Broere W，Waterman D. User's manual for Plaxis 2D-Version 8 [M]. Balkema，Rotterdam，the Netherlands，2002.

[139] Chen Z Y. Random trials used in determining global minimum factors of safety of slopes [J]. Canadian Geotechnical Journal，1992，29 (2)：225-233.

[140] Krabbenhoft K，Lyamin A V，Krabbenhoft J. OptumG2：Theory manual [M]. Optum Computational Engeering，2016.

[141] Sloan S W. Geotechnical stability analysis [J]. Géotechnique，2013，63 (7)：531-572.

[142] Keawsawasvong S，Ukritchon B. Finite element limit analysis of pullout capacity of planar caissons in clay [J]. Computers and Geotechnics，2016，75：12-17.

[143] Keawsawasvong S，Ukritchon B. Stability of unsupported conical excavations in nonhomogeneous clays [J]. Computers and Geotechnics，2017，81：125-136.

[144] Keawsawasvong S，Ukritchon B. Undrained stability of an active planar trapdoor in nonhomogeneous clays with a linear increase of strength with depth [J]. Computers and Geotechnics，2017，81：284-293.

[145] Keawsawasvong S，Ukritchon B. Undrained limiting pressure behind soil gaps in contig-

uous pile walls [J]. Computers and Geotechnics, 2017, 83: 152-158.

[146] Raj D, Singh Y, Kaynia A M. Behaviour of slopes under multiple adjacent footings and buildings [J]. International Journal of Geomechanics, 2018, 18 (7): 4018062.

[147] Raj D, Singh Y, Shukla S K. Seismic bearing capacity of strip foundation embedded in c-ϕ soil slope [J]. International Journal of Geomechanics, 2018, 18 (7): 4018076.

[148] Meimon Y, Baguelin F, Jezequel J F. Pile group behavior under long time lateral monotonic and cyclic loading [C]. Proc., 3rd Int. Conf. on Numerical Methods in Offshore Piling, Inst. Francais Du Petrole, Nantes, France, 1986.

[149] 祝周杰. 海上风机四桩导管架基础群桩效应与循环效应试验研究 [D]. 杭州: 浙江大学, 2017.

[150] Shiau J S, Merifield R S, Lyamin A V, et al. Undrained stability of footings on slopes [J]. International Journal of Geomechanics, 2011, 11 (5): 381-390.